普通高等教育工业设计专业规划教材

产品设计程序与方法

Procedures and Methods for Product Design

陈国强　编著
杨明朗　主审

机械工业出版社
CHINA MACHINE PRESS

产品设计程序与方法是工业设计专业学生必修的一门专业课程。本书结合设计实例，重点阐述了工业产品设计的程序、设计理念、设计调查与方法、设计思维方法、设计表达等，为学生提供一个行之有效的学习体系。本书采用理论阐述、案例分析与设计练习相结合的方法，指导学生在工业产品造型设计中应该遵循的基本法则，使学习者在科学的范围内沿着正确的道路从事设计。

本书不仅可以作为普通高等学校工业设计专业的教材，而且还可供广大从事工业产品设计的读者阅读参考。

为方便教学，本书配有PPT电子课件，位于机械工业出版社教材服务网上（www.cmpedu.com），向使用本书的授课教师免费提供。

图书在版编目（CIP）数据

产品设计程序与方法/陈国强编著. —北京：机械工业出版社，2011.5（2024.8重印）
普通高等教育工业设计专业规划教材
ISBN 978-7-111-34383-7

Ⅰ.①产… Ⅱ.①陈… Ⅲ.①产品—设计—高等学校—教材 Ⅳ.①TB472

中国版本图书馆CIP数据核字（2011）第077598号

机械工业出版社（北京市百万庄大街22号 邮政编码100037）
策划编辑：冯春生 责任编辑：冯春生 张丹丹
责任校对：王 欣 封面设计：张 静
责任印制：单爱军
北京虎彩文化传播有限公司印刷
2024年8月第1版第8次印刷
210mm × 285mm · 6.25印张 · 134千字
标准书号：ISBN 978-7-111-34383-7
定价：35.00元

电话服务
客服电话：010-88361066
010-88379833
010-68326294

网络服务
机 工 官 网：www.cmpbook.com
机 工 官 博：weibo.com/cmp1952
金 书 网：www.golden-book.com
机工教育服务网：www.cmpedu.com

普通高等教育工业设计专业规划教材 编审委员会

前　言

《产品设计程序与方法》一书是机械工业出版社出版的工业设计专业系列教材之一。本书是按照2008年工业设计系列教材编委会审定的编写计划编写的，希望本书的出版能对我国工业设计教育体系的建立与完善起到积极的作用。

工业设计是随着社会的发展、科学的进步、人类社会进入现代生活而发展起来的一门新兴学科。工业设计从诞生之日起就不断给世界带来惊喜，且在一个多世纪的发展过程中不断被注入新的内涵。产品设计程序与方法是工业设计专业的一门重要课程。作为一种现代设计的理论、程序与方法，它不同于传统的工程设计，也不同于一般的艺术设计，而是具有多学科互相渗透、交融的特点，不仅包括对产品功能、结构、材料、工艺以及产品形态、色彩、表面处理、装饰工艺等方面的设计，还包括与产品有关的社会的、经济的以及人的各方面因素的综合设计。工业设计可以给生产企业带来一定的经济效益，给人类社会的物质文明和精神文明带来进步。

现今，关于产品设计程序与方法的教材、专著已有众多的版本，且都有自己的特点。本书综合了这些教材、专著的优点，通过创造性思维、产品设计开发计划、产品设计市场调研方法、产品设计创意方法、产品设计方案优选方法以及产品设计方案综合评价方法等方面，全面地阐述在产品设计程序及在设计过程中用到的方法，站在更高的角度和位置全面审视和认识工业设计的工作内容，并提高设计效率和成功率，指导设计实践。

本书由燕山大学艺术与设计学院陈国强副教授编写，南昌大学博士生导师、教授杨明朗主审。其中，巩飞飞、王培培两位研究生参与了资料的收集工作。此外，在编写中借鉴、参阅、引用了大量国内外学者的成果资料，难以在参考文献中一一列举，在此一并深表谢意。

由于编者水平有限，书中难免存在错误和欠妥之处，恳请广大读者批评指正。

陈国强
于燕山大学

目　录
CONTENTS

第 1 章

概述

本章介绍了本书的编写特色、主要内容及章节的设定，阐述了学习产品设计程序与方法的目的与意义，强调掌握完整产品设计程序与方法理论对于产品的设计过程具有指导作用，同时既可以指引产品学习专业知识的基础理论，又能开发思维的创新性和实践性。

本章关键词： 程序，方法，内容，目的

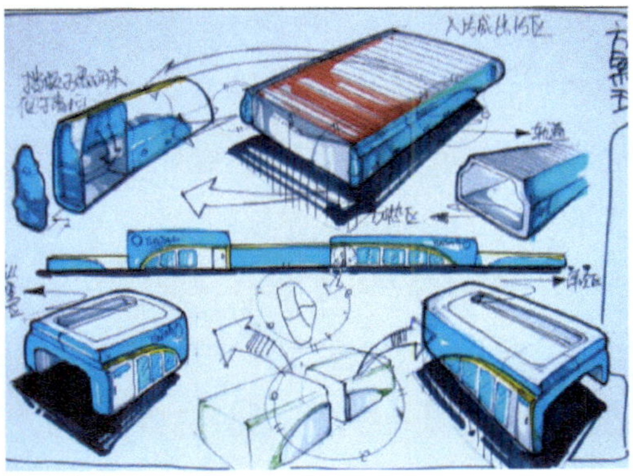

产品设计程序与方法是设计学中的一门重要课程，也是工业设计专业学生必修的一门专业课程。其主要目的是使学生了解产品设计程序与方法在工业设计领域中的地位和作用，培养学生养成系统的思维和方法，并运用所学到的知识和技能设计出优秀的作品。

本书主要以设计程序和设计方法在设计中的应用为主线，结合设计实例介绍各种设计的程序，并采用设计练习题的形式来学习设计方法的应用。本书采用理论阐述、案例分析与设计练习相结合的方法来指导学生在产品造型设计中应该遵循的基本法则，使学生在科学的范围内沿着正确的道路从事设计。设计练习是巩固已学知识必不可少的一个环节。读者可以根据不同的情况确定不同的课题，更可以结合实际工作需要，将实际设计项目结合到学习中来，将实际设计项目按设计程序完整地走一遍，这样可以在学习的过程中受益匪浅。

本书论述的是专业设计课程的第一阶段教学内容，主要是解决设计的概念和一般程序的方法。作者结合本人的设计实践经验和其他论著的相关内容，力求通俗易懂地解释设计的概念，阐述步入设计的程序和展开设计的一般方法。本书的结构是按实际授课需要组织的，第2章课程的性质主要是培养学生养成一种理性的思维模式和创新的设计方法，让学生了解工业设计的本质是为“人”服务的，最终目的是通过产品的使用来满足人的需要；第3章课程的性质主要是以论据为主，以一些优秀作品的设计为例，来阐述产品设计的一般程序；第4章课程的性质是在前两章的基础上进行的进一步研究和介绍，培养学生一种创造性的思维和方法，结合所学的理论知识，对产品设计的方法有一个全面的了解；第5章课程的性质是升华的环节，在前面理论的指导下，加强实践，用案例分析的方式，不断提高学生运用现代教育技术提高专业知识的能力，帮助学生对所讲内容的感知和理解，以达到编写本书的目的。

编写本书的目的如下：

1）让学生了解设计的基本概念和理论。

2）对产品的设计程序和设计方法有更好的理解和认识，便于各种学科知识的综合利用。

3）能运用所学到的理论知识设计出优秀的作品。

4）最终形成独特的思维模式和系统的设计方法。

产品设计程序与方法是一门实践性很强的学科，要求学生掌握基本的理论知识和设计方法，以便能在以后的设计过程中形成完整的设计程序。

本书主要内容涉及开发性产品的设计程序，改良性产品的设计程序，市场调研的方法，产品创意的方法，方案优选的方法，产品设计评价的方法等。通过本课程的学习，学生应对设计过程有个整体的印象和把握，并且在设计的各个阶段能够应用正确的方法解决问题，得到最佳方案。

本书的编写结构是按照实际需要组织的，具有较强的实用性和针对性，内容分为5章。

第1章是理解设计程序与方法，通过课程性质、课程内容、课程国内外发展现状以及需要说明的几个问题，搞清楚设计程序与方法的概念和内容，使学生对设计程序与方法的工作内容和发展过程有个大致的了解和认识。另外还简单说明了几个问题，便于学生有条不紊地学习和提高。

第2章介绍产品设计思维和设计理念，主要包括人性化设计思维及方法、商品化设计思维及方法、系统化设计思维及方法和绿色设计、无障碍设计以及体验设计几个方面。通过对这些方面的了解，加深对设计的理解，以便在以后的设计实践中能够合理运用这些元素进行设计。

第3章介绍产品设计程序。通过开发性产品设计和改良性产品设计两种程序，介绍产品开发项目从项目确立，制订计划，市场调研与分析，开始设计，设计展开，优化设计，深入设计到完成设计的工作环节和内容，以此来了解和掌握工业设计的内容。

第4章是本书的重点，介绍产品设计方法。通过创造性思维、产品设计开发计划、产品设计市场调研方法、产品设计创意方法、产品设计方案优选方法以及产品设计方案的评价方法等方面，全面地了解在产品设计过程中用到的设计方法，便于站在更高的角度和位置全面审视和认识工业设计的工作内容，并提高设计效率和成功率，即用产品设计方法指导工业设计实践。

第5章为成功案例的介绍。通过对适用于特殊人群的手机改良设计案例的分析介绍，让学生更生动直观地了解设计程序与方法的性质和内容，了解和掌握产品设计工作流程和开展设计实践的方法，加深对工业设计概念和内容的理解。通过具体的练习，正确认识和把握设计的各个阶段，并在今后的设计中灵活运用设计程序、方法等知识来提高设计的实现能力和效率。

设计程序与方法的概念和内容在不断地发展和变化，随着时代的进步和科学技术的提高，不同时期、不同国家的人们对设计程序与方法的认识、理解及侧重都会有所区别。工业设计的设计程序与方法虽然具有一般规律，但是解决不了工业设计中遇到的所有问题，本书总结和提供给学生关于工业设计设计流程与方法的这些知识旨在抛砖引玉，引导学生通过对这些知识的学习，建立起研究意识，树立正确的设计思想，并培养自己的个性，将来在面对新问题的时候，懂得如何进行学习与思考，并具有研究问题、解决问题的能力，这才是这门课程的初衷。

随着我国经济的飞速发展与科学技术的进步，工业设计的发展在我国已经让人们看到了曙光。综观近年来工业设计在我国的发展，既有令人兴奋鼓舞的一面，又有一些不尽如人意的地方。但是，随着近几年人们对设计专业认识的加深，相当多的人开始重视并投身其中，给我国的工业产品带来了新的面貌。但是，与发达国家相比，我们在各方面都还有很大距离，特别是对工业设计的理解和认识，及对行业的规范管理等方面还存在着一些不足之处。从总体来说，工业设计行业在我国的发展还是非常迅速的，这将在很大程度上推动“中国制造”向“中国创造”的转变，促进企业提高自主研发能力，提高我国工业设计在国际市场中的竞争力。所以，为了提升本国的国际地位和设计水平，必须要在借鉴国外设计经验的基础上有自己完整的理论、创新的思维、出色的设计作品。因此，国内的各设计公司纷纷通过各种方法来增加自身的竞争力，根据自身的情况和设计项目的具体需求来规范和制订设计的程序和方法，本着服务大众、造福大众的原则来确定自己的设计程序。但是从总体上来看，基本的设计程序是确定的，即市场调研—设计定位—项目确立—概念草图—草图评审—效果图制作—效果图内部评审—效果图细化—方案确定—外观模型制作—结构设计—手板制作—市场推广—市场销售的过程。新技术的运用也是设计的创新，产品创新设计的物质基础就是现代科学技术。结合当前比较新颖的设计理念，即绿色设计、体验设计、无障碍设计等，人们对产品的程序设计和方法进行了更深层次的发展和研究。

本书强调“程序”的系统性和“方法论”的研究，不仅培养学生的专业知识和设计技巧，更重要的是“思维方法”训练。这种科学的教材和内容正是国内绝大多数相关专业所欠缺的。有些人认为工业设计无非就是玩造型，这从根本上是对工业设计的目标、体系、研究的范畴存在着误区。在国际环境中，尽管国外的市场环境、设计水平、市场机制、科学技术比我国有着一定的优势，任由学生凭借自己的兴趣爱好来设计出自身独特的设计，但是，正是这种教育观念使得它不可能引入到我国，不同的环境、不同的理念、不同的文化造就不同的设计作品。产品设计程序与方法这门课程成为指引学生学习专业知识的理论基础，它将促使许多新型设计理念和设计名词的出现，同时更能发挥人们思维的创新性和实践性。

第2章

产品设计思维和设计理念

创新的设计思维、先进的设计理念可以很好地指导产品来解决人–机–环境的协调问题，来引导人们向着可持续方向发展，从而引导消费文化。本章介绍了产品设计的思维与理念，其中重点论述了人性化、商品化、系统化设计思维以及绿色设计、无障碍设计和体验设计等前沿性设计理念。

本章关键词：创新，设计思维，设计理念

2.1 产品设计思维

一个清晰的思维方式有利于产生一件优秀的产品，一件产品的成功与否，不仅在于制作工艺的考究，装饰技法的娴熟应用，而且往往取决于设计者创造性思维的能力和效果。这种创造性思维是揭示事物之间内在联系的一种能力，也是理智地改变现行规范的一种能力。本书试从新产品开发的角度，探讨新产品“新”的含义及其设计定位，进而提出拓展创新设计思维的几种方法。

2.1.1 人性化设计思维及方法

在工业设计越来越备受关注的今天，人们对产品的设计是否具有人性化已成为衡量产品价值的一个重要尺度。一件好的产品应符合特定的文化特性，满足某种功能需求。设计从它诞生的那一天起就注定它不是单一的个体，它的发展通常是与很多因素有关联的，而与这些因素的相辅相成关系也使彼此共同进步着。在整个社会的飞速发展成为大主流的带动下，人们的经济生活日渐提高，在物质有了保障之后，随之而来的就是对精神生活的更高需求。所以不难看出，现在的工业设计领域已经不再仅仅注重实用性，而是在它的外观或者其他的附属功能上下工夫。于是现在有很多流行化的关键词渐渐融入到工业设计当中并领导着它的发展，比如人性化、科技化、智能化等，其中，人性化可谓是时下最流行，也是最被人关注和认可的一个设计名词。

人们通常用“人类社会”来形容人们所生活的这个环境。在整个社会体系当中，所有的事物，包括政治、经济、文化、自然、科学、艺术等，这些无疑都是为人所服务的，那么反过来说，它们也都是被人所创造驾驭的。从工业设计的角度来说，任何一件产品的产生都是为人的需要所设计的，它通过一系列的设计活动来达到提高人类生活和工作质量的目的。

工业设计的本质是为“人”的生活服务的，其最终目的是通过产品的使用来满足人的需要。工业设计为人提供的并非是产品这个“物”本身，而是“物”所能带给人的服务。所以，工业设计要以“人”作为出发点。如图2-1所示，通过对“人性”的研

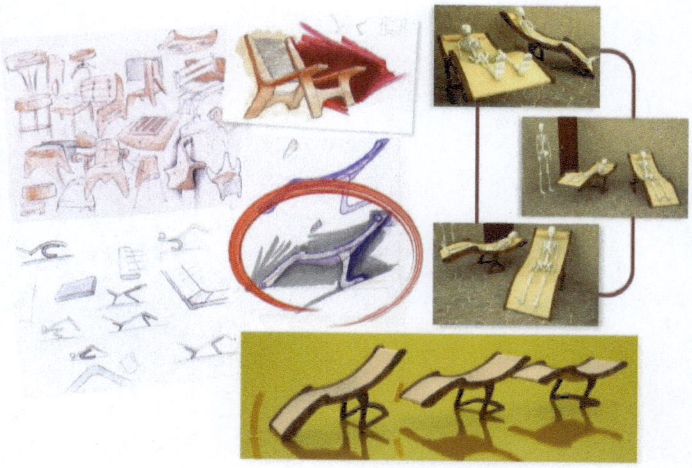

图 2-1

究，挖掘“人”在物质、精神、心理等各个层次的需要而进行人性化的设计。

在工业设计领域中，人性化设计是涵盖非常广泛而又十分重要的设计理论。它以提升人的价值，尊重人的自然和社会需要为主旨，满足人们日益增长的物质和文化的需要。在经济不发达的时代，产品作为能够为“人”提供服务的工具而存在，产品是人本身的功能延伸，就像飞机的出现把人的足迹延伸到天空一样，由于经济和科技不够发达，人们追求的是工业设计的初级阶段，即对产品的实用功能的追求。根据马斯洛需要层次理论的心理学模型，人的需要是分阶段的，当低级阶段得到满足的时候，人们就会去追逐更高一级的需要，所以，当社会发展到一定阶段的时候，人们不再满足于产品的基本实用功能了，而是要求产品除去基本实用功能外要有更多的内容，比如舒适度、心理感受、文化因素、情感因素等。这些内容都是人性化的体现，可见，经济越发达，人们对人性化设计的要求就越高。

工业设计探讨的是“人”与“物”之间的关系，这有别于工程设计对“物”与“物”之间关系的探讨。工业设计的设计服务对象是“人”，所以在设计中就必须充分考虑“人”的因素。从“人”的个体属性的角度来看，人性化的设计不仅要考虑到产品的功能因素、美学因素，还要考虑到使用者的使用方式、使用习惯以及产品与使用环境的适应度；从“人”的社会群体属性的角度来说，人性化的设计是以人为本，注重研究人的生理、心理和精神文化的需求。所以人性化设计的最终目的是为了满足人类的需求，是一种可持续发展的设计理念。

人们作为社会创造者的同时，也在不断地充当着生活的消费者。作为一个消费者，在购买一件产品的时候，你通常希望从产品中获得哪方面的满足呢？换句话说，是注重产品的价格、功能，还是它所带给你的精神享受？就当代人的观念来看，人们已经把产品的物质性主导逐渐上升到精神性主导。那么，作为一名设计师，就要凭借对生活的敏锐感受和观察力来提高人类对产品精神性的需求。由此可以总结出人性化设计观念的本质，即在考虑设计问题的时候，以“人”为本来展开设计思考。

人性化设计涉及的知识面非常广泛，在市场调研、定位，消费者需求分析，方案设计以及环境保护、产品推广等方面都能涉及人性化的内容。在产品的设计过程中，要方方面面都考虑到人性化因素。概括起来说，人性化设计的因素包括以下几大类：

1. 动机因素

产品设计的出发点就是满足人的需要，那么在这个过程当中，提出问题在先，解决问题在后。就像所有的事情都有前因后果一样，产品设计的动机就是为了满足人们的各种需求，反过来说，人们的需求问题是设计动机的主要成分。人们的需求来自多方面，也是有层次之分的。一般说来，在满足了较低层次的需求后才会有更高的需求，而与设计关系最为亲密的需求因素可以分为生理性因素、心理性因素和智性因素。

（1）生理的需求　生理的需求通常是指借助产品的功能来弥补人们无法达到或不方便完成的工作。如图2-2所示，这种设计其实就是人类自身系统功能的延伸。另举些例子来说，麦克风的产生是对人类声音的延伸，车辆的产生是人体力的延伸等。

图 2-2

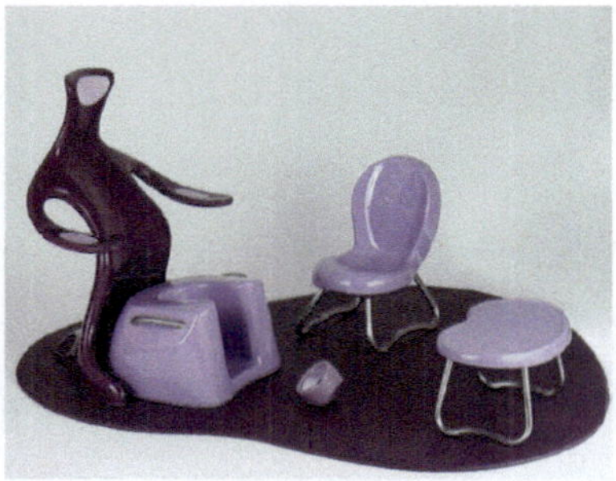

图 2-3

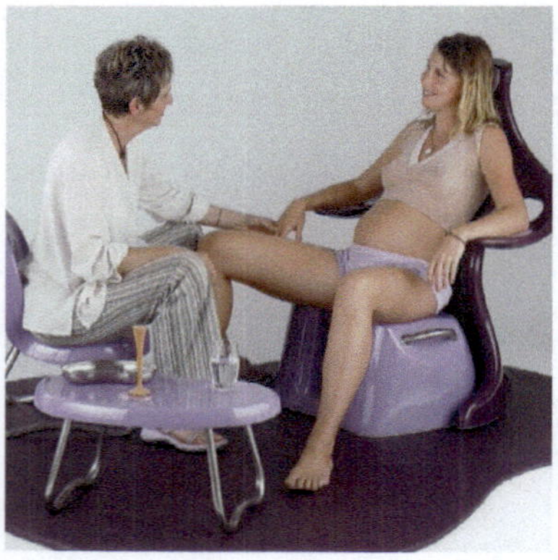

图 2-4

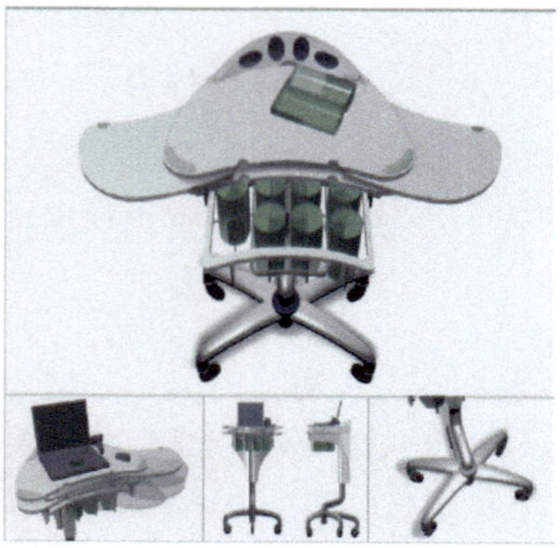

图 2-5

（2）心理的需求　在满足了生理性需求后，人们逐渐又产生了新的想法，在心理的需求上产生了审美需求、认知需求和自我需求。而对于这些需求来说，它对设计的要求是很高的，它不仅要求产品在外观上精致美观、赏心悦目，而且要能适应人性的需求，来体现使用者某种身份地位和产品所给人带来的归属感、成就感（图2-3）。例如，一个高档的打火机需要几千元，它与普通打火机在功能上毫无差别，但价格却相差甚远，大多数使用这样打火机的人已经把它看成是身份的一种象征，它满足了使用者对物质的追逐感，所以说，它其实就是心理的一种需求。再例如，在为女性设计产品时，应该考虑的心理因素要从生活者的角度出发，去了解女性的设计需求，以此作为突破口。

1）女性越来越独立，越来越自主，希望能够支配自己的生活，更重视自我感情的尊重与满足。

2）女性对家电用品的设计要求较男性更高，更注重生活乐趣，希望在使用产品的过程中能够调节气氛，产生愉悦的感觉。她们的压力较大，在家务劳动中，希望产品的设计少一些机械化，减少自己在做家务时的孤独感；同时又不要太过于简单，因此，在设计中也应适当有一些操作性，以便女性在操作的过程中也能得到快乐。综上所述，在设计的过程中应从增加女性的使用心情、提升生活品质等方面入手。

3）爱美，女性一定不会拒绝漂亮的产品，所以她们对色彩的要求很高。

（3）智性的需求　智性的需求通常是人类在不能满足自身智能水平下产生的，它解决了包括效率、效益、个人能力等方面的需求，如图2-4所示。再比如计算机的产生，它对人类的发展起到了不可估量的作用。

2. 人机工程学因素

对于产品设计来说，人机工程学是必须应用的科学原则和方法，它使设计与使用功能的结合成为可能（图2-5）。在设计一件产品之前，设计者要对市场进行充分的调研，首先确定使用人群，充分了解使用者，对于设计产品来说是相当重要的。如果要设计婴儿床，就必须了解婴儿的骨骼、身形、体重以及他们的生长状况，甚至是平时细微的小动作。

这时候，要将婴儿作为特殊的使用人群来定位，设计师的一切设计活动都是为他们服务的。另外，对于社会上特殊人群，比如残疾人，也是社会给予关心的一类人群，在设计产品时就应该将这类人群的特殊人机因素考虑进去，对他们的生理缺陷进行弥补，这些都是人机工程学所应研究的范畴。

图　2-6

3. 美学因素

作为一名设计师，对美的理解和诠释应该是相当到位的。而美又是深刻广泛的，在这里简单地把它分为视觉、听觉、触觉、感觉四个方面。视觉体现在产品造型、颜色等方面（图2-6），它是消费者对产品最直接、最简单的了解途径；听觉主要是指声音，例如各种音箱的音质，冰箱、电视机的运行声音等；触觉包括材料的应用、做工的好坏、质地如何等；最后就是通过这些综合起来所给人的感觉。有了这样的审美标准，就可以对产品进行美学的分析。

4. 环境因素

任何一件产品的产生都是顺应社会经济发展趋势的，一件真正成功的产品设计是要被社会认可并为经济作出贡献的，于是就产生了产品的环境因素。所谓环境因素有宏观和微观之分：宏观是指产品所处的特定的时间和空间，产品何时何地投产、上市等；微观则是指产品本身的使用环境。两者是有着密切联系的。在环境因素中要注意：首先，是产品与大环境的协调，比如产品设计与建筑和环境艺术的关系，后者在某种程度上制约了前者，也要将两者的风格统一化（图2-7）；其次，是产品与社会的发展环境相协调，产品受新材料、新风格的影响是很深的，还与时代的流行趋势有着直接关系。

图　2-7

5. 文化因素

文化因素是一种无形的影响因素，例如传统、习俗、价值观等。其实，产品设计是影响人们生活的文化问题，它甚至可以导致一个文化形态的形成（图2-8）。举个例子来说，大量的自动提款机、刷卡机的诞生，就使“持卡消费”成为当代流行的一种消费文化。另外，在产品设计中要充分了解地域文化观念，避免盲目地将产品投放某个地域，如把信息咨询系统放入不发达的城镇村庄，就显得浪费资源了。

图 2-8

6. 无障碍设计因素

为老弱病残人士的设计越来越被大家所重视，21世纪即将进入“银发”设计，关心老人已成为21世纪的主要课题之一。老年问题也已经被很多国家视为社会责任，随着社会的进步，关心老人、丰富老人的晚年生活也逐渐成为全社会关注的热点，如图2-9所示。因此，在为老年人设计产品时，要从安全的角度去考虑问题。

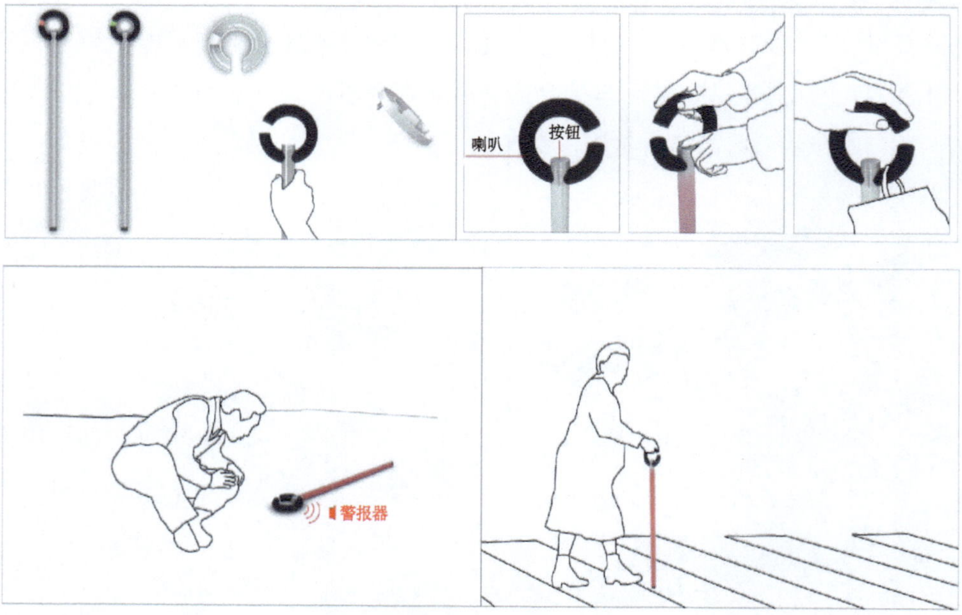

图 2-9

总之，设计是一种源于生活同时又高于生活的行为，它是把人们对生活的某种渴望变为现实，而其宗旨还是为人们服务的。在越来越丰富的现代生活中，人性化设计尤其变得更加有意义。在产品设计中，人性化设计要考虑很多制约因素，如前文提到的环境因素、文化因素、美学因素、人机工程学因素等，这些因素统一成一个整体，在产品设计中具有重要的指引作用。因此，作为设计师，在设计中要有一种系统化的设计思维，结合各种设计方法和设计理念将产品设计推向更深层次的发展。

2.1.2 商品化设计思维及方法

在哲学上，商品的定义是用于交换的劳动产品，可见，辨别是否是商品的重点在于产品是否用于交换。在工业革命以前，产品是消费者定制的，设计者为定制者提供设计并制作，设计者同时也是制造工匠，这期间产品没有通过交换而直接到达消费者手中使用，所以这一时期设计者的作品只能称其为产品而不能称之为商品。工业革命以后出现了批量化生产的产品，由此开始了工业化进程，工厂的出现使得产品从设计阶段到消费阶段之间增加了销售环节，也就是说出现了“交换”，产品进而转化成商品。

在产品转化成商品中间增加的销售环节，使得商品化设计过程中不得不考虑营销策略、售后服务、产品附加值等一系列能够增加消费者购买欲望的手段。这不仅促进了市场激烈的竞争，而且使工业设计的程序更加的细化，特别是当前经济飞速发展，人们的生活水平在不断地提高，消费者的需求不再满足于产品使用功能的实现，而是越来越追求产品所带来的高品质服务，例如售后服务、情感化需求、心理感受、人文体验等。这要求商品的设计不仅要配合营销体系，贯穿于从调研到售后服务阶段的完整产品生命周期，而且要体现“以人为本”的设计理念，将“消费者就是上帝”的观念贯彻于设计过程的始终。

在进行商品化设计的过程中要着重考虑到以下几个要素：

1. 调研

商品化设计的调研包括市场调研、现有产品调研和消费者调研。商品化设计是营销体系中的一个重要环节，其目的是为提高人们的生活水平服务，也是为了取得好的销售业绩服务。所以前期的调研工作要依靠市场信息精准定位，赢在起跑线上，同时也要进行消费群体调研，真正“以人为本”，为“人”服务。在体现“以人为本”的同时，也就为取得良好的营销业绩作出了铺垫，两者是相辅相成的。

2. 营销策略

树立营销策略的观念对工业设计师是非常重要的，企业进行生产的目的是将产品销售出去并且能够盈利。现代的企业不再只是以盈利为目的，另一方面也着眼于提供满足客户需求的服务，致力于提高人们的生活质量。设计师营销观念的确立有利于其设计的产品有的放矢，准确定位促进产品的销售。在商品化设计的后期阶段，服务于营销的产品包装、广告设计等也是设计师必须掌握的营销手段。

3. 预算

商品化设计要求所设计产品的成本控制在一定的范围内，保证产品的生产和销售成本控制在一个相应的额度才能使企业获得最大的利润。这要求设计师在进行商品化设计过程中要有所取舍，在产品的形态、功能、材料等方面都要有一定的限制。

2.1.3 系统化设计思维及方法

现代系统理论的创立是在20世纪初，由美籍奥地利著名生物学家路德维西·冯·贝塔朗菲提出的。现代系统理论的核心思想强调系统是一个整体，虽然是由各个部件组合而成的，但是系统有其新的特质，并非各个部分简单相加，这就是著名的“1+1＞2”理论。

所谓“系统”，即一切相互影响或联系的事物（物体、事件、法则等）的集合。在工业设计领域中，系统有着特殊的定义和理解。一般而言，系统就是相互联系、相互影响、相互作用的具有特定功能的集合体。现代工业的发展使得一件新产品的产生不是一个设计师单独就可以设计完成的。科技含量越高，产品越复杂，就越需要很多的设计师甚至是很多的部门相互配合来完成。如图2-10所示，一辆新汽车的产生就需要外观设计师、内饰设计师、工程师、结构师、模型师等相互配合，各种零部件经过多种工序和流水线组合成一个有机的整体。可见，现代工业设计是一个多部门合作的结果，由于涉及大量的部门和工序，设计过程就需要有系统的统筹规划来进行，用系统设计的理论来优化设计过程，整合产品体系。

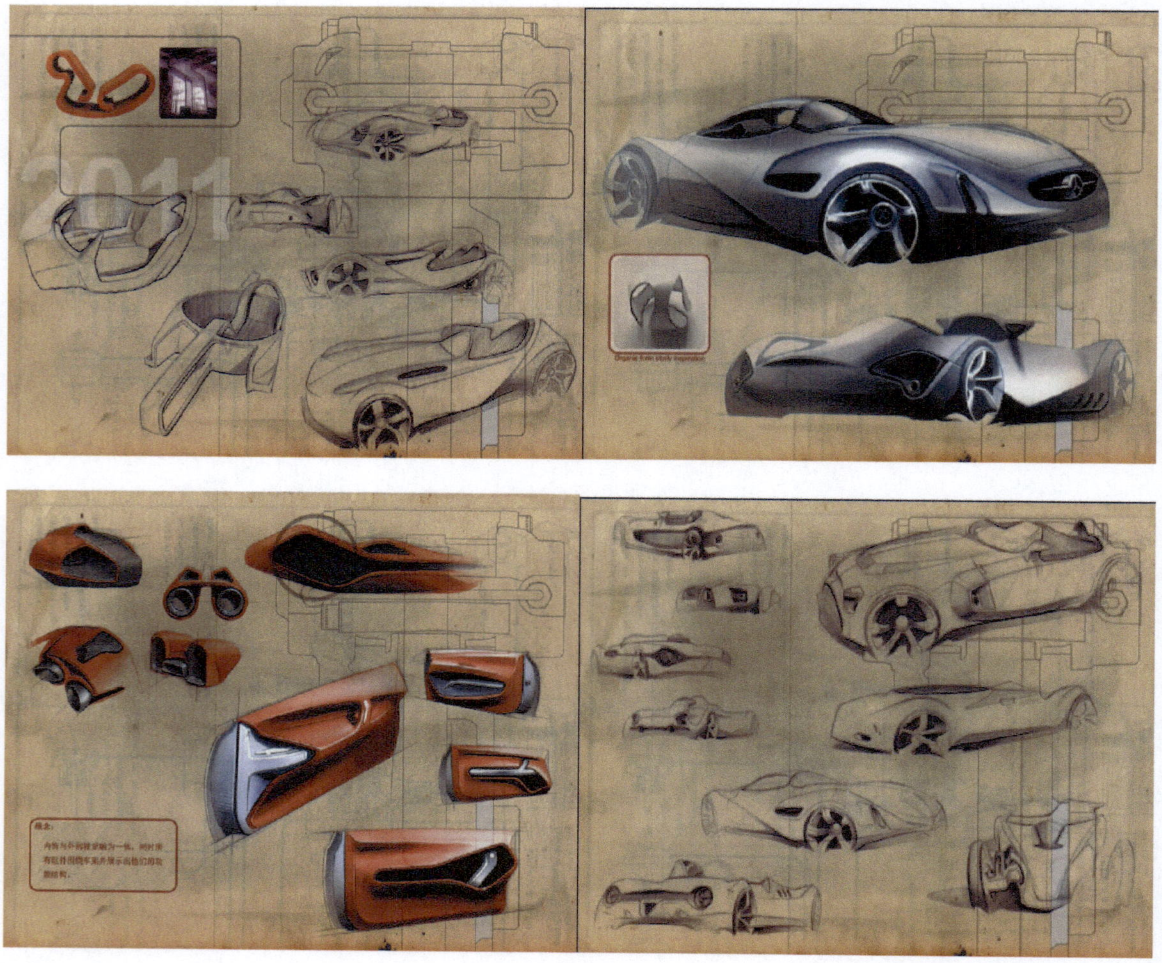

图 2-10

系统化设计要求设计师具有大局观，从整体的角度出发去分析、解决问题，细化设计程序并将产品的各部分有机地整合成一个更加优化的整体。对于系统化的设计过程，需要领导者进行明确的分工，将设计过程分为几个相对独立的部分，但是各个部分之间又要有衔接性。各个环节间要有明确的目标要求，其特点主要是整体性、综合性、最优化。

1. 整体性

所谓整体性，就是将对象作为一个整体事物来研究。各个对象、事件、过程相互联系、相互依存，组合成一个合乎规律的有机整体。这些子系统各自具有特定的功能和目标，它们彼此虽然是分工合作，却是作为一个整体而存在的，最终这些子系统又将组合成一个新的系统。整体系统的功能和性质是子系统所不具备的，因此，只有子系统优化组合，整体系统才能达到效率的最优化，否则，整体系统将受到不利的影响。

2. 综合性

综合性是指通过辩证分析和高度综合的方法，使各种要素相互渗透、协调而达到整体的优化。它有两方面的含义：一是某些要素为特定目的而组成的综合体；二是从结构、功能、组成部分等方面进行综合的研究。

3. 最优化

所谓最优化，就是达到最理想的效果，它是系统化设计思想和方法追求的最终目标，从而设计出效率最高、费用最少、能耗最低的产品系统。

产品系统中的各功能之间具有因果关系和依存性，而又相互独立。产品的各部分不是毫无关联的个体，而是有一定的相互关联，依靠这种关联组合到一起，形成功能集成、优于各个部分功能之和的整体。虽然产品系统各个部分都是产品的单体，但是各个单体又是具有单独功能的个体，具有一定的独立性。

2.2 产品设计理念

如图2-11所示的瑞士手表展上，每一款绚丽的腕表背后都有着设计师的无限创意。生活中的每一件产品都蕴藏着设计师独特的设计理念。拥有一个好的设计理念至关重要，它不仅是设计的精髓所在，而且能使作品具有个性化、专业化和与众不同的效果。随着社会和科技的发展，设计的理念越来越人性化和超前化。那么，怎样拥有一个好的设计理念呢？21世纪又必须具备哪些设计理念呢？本书试从新产品开发的角度，来阐述当今设计师所必备的设计理念。

图 2-11

2.2.1 绿色设计

今天所处的生活环境已经发生了巨大的变化，科学技术的发展给人们的生活提供了极大的便利，但是同时也破坏了地球的生态环境。科学技术是把“双刃剑”，如何利用好这把“剑”，对于产品设计来说是非常关键的。气候变暖、冰川融化这些看似比较遥远的事情，已经切实地影响到了人们的生活。20世纪60年代末，美国设计理论家维克多·巴巴纳克（Victor Papanek）出版了一部当时引起极大争议的著作——《为真实世界而设计》（Design for the Real World），书中强调了设计师的社会和伦理价值、环境保护等问题。20世纪70年代“能源危机”爆发后，他的“有限资源论”得到了普遍的认同。

曾几何时，我国以地大物博自居，而今资源和能源的消耗使我国面临着困境。对于产品设计而言，从设计伊始就要始终贯彻绿色设计的理念，在产品设计的每个环节中都要充分考虑到环境、资源、能源等相关的问题。

1. 绿色设计的概念

绿色设计（Green Design）也称为生态设计（Ecological Design）、环境设计（Design for Environment）等。绿色设计是指在产品及其生命周期全过程的设计中，要充分考虑对资源和环境的影响，在充分考虑产品的功能、质量、开发周期和成本的同时，更要优化各种相关因素，使产品及其制造过程中对环境的影响减到最小，使产品的各项指标符合绿色环保的要求。

绿色设计的基本思想，是在设计的初始阶段就将环境因素和预防污染等措施贯穿于产品设计当中，将产品和环境的适应关系作为产品的设计目标和出发点，力求使产品对环境的影响减少到最小。对工业设计而言，绿色设计的核心是“3R”，即Reduce，Recycle，Reuse，不仅要减少物质和能源的消耗，减少有害物质的排放，而且要使产品及零部件能够方便地回收并可循环再生或重新利用（图2-12）。

图　2-12

2. 绿色产品设计的主要研究内容

绿色产品设计包括绿色材料选择设计、绿色制造过程设计、产品可回收性设计、产品的可拆卸性设计、绿色包装设计、绿色物流设计、绿色服务设计、绿色回收利用设计等。在绿色设计中，从产品材料的选择、生产和加工流程的确定、产品包装材料的选定，直到运输等都要考虑资源的消耗和对环境的影响，以寻找和采用尽可能合理和优化的结构和方案，使得资源消耗和环境负影响降到最低。

（1）绿色材料选择性设计　绿色设计不仅要求在选材时要考虑产品的使用条件和性能，同时更要考虑选择的材料对环境的影响，使所选材料对环境的影响降到最低点。

（2）绿色制造过程设计　要加强对材料的管理和应用，使有用的部分得到充分的回收利用，没用的部分采取特殊的方法进行再处理，从而对环境的影响降到最低点。

（3）产品可回收性设计　它的最终目标是使所用材料得到充分的回收和再利用，把对环境的影响降到最低限度（图2-13）。

图　2-13

（4）产品的可拆卸性设计　可拆卸性要求产品的设计结构要打破传统的连接方式，便于包装、运输、维修，并且在报废后可回收再利用。

（5）绿色包装设计　绿色包装（Green Package）又称为环境之友包装，它是一种非常健康且环保的包装形式，普遍应用于当代的包装产业中，例如纸包装、木质的包装等。

3. 绿色设计的特点

（1）绿色设计要体现人性化　人性化设计即“以人为本”的设计。所谓以人为本，不单单是指个体的人，更包括社会的人、环境的人、宏观的人等。人性化设计要考虑多方面的因素，它包括对环境、安全、使用、操作、协调，以及心理感受等方面的综合要求，结合这些方面才能作出一种科学环保的设计。

（2）绿色设计要体现简约性　简约不等于简单，所谓简约，就是所设计的产品要体现出观念的创新、材料的创新、形态的创新等，既能体现时代性，同时又在功能上有所突破和创新，在节省材料的同时，又满足了人们的心理需求。它提倡一种少而精的设计理念，主张节俭，使未来的设计成为一种“健康的设计”。

（3）绿色设计要体现环保性　绿色设计着眼于人与自然的生态平衡关系，在设计过程的每一个决策中都充分考虑到环境效益，尽量减少对环境的破坏。绿色设计不仅是一种技术层面的考量，更重要的是一种观念上的变革，要求设计师放弃那种过分强调产品在外观上标新立异的做法，而将重点放在真正意义上的创新上面，以一种更为负责的方法去创造产品的形态，用更简洁、长久的造型使产品尽可能地延长其使用寿命。

4. 未来的需求——绿色产品

时代在前进，人类生活水平在提高，生活节奏在加快，生产效率在突飞猛进，同时也面临能源的短缺、工业垃圾日益增加等诸多困惑。这些都要求伴随人类生活和工作的产品应该简洁明快，新颖亲切，具有一种与信息时代相关联的现代感，包含一种同现代生活相符合的精神，如图2-14所示。

图　2-14

下面以一新型电视机的设计为例：

随着环境与生产矛盾的日益突出以及绿色观念的盛行，再加上生产技术成熟程度、普及率的提升，电视机作为人们常用的家电之一，其传统模式的生产与销售面临着重重压力。为提高产品竞争力和市场占有率，宜采用可持续发展的绿色设计观，研制出健康、宜人的绿色电视。德国已经立法，规定电视机制造商必须回收废弃不用的产品。各国也在大力研发新的创新产品，可见，未来市场必然走“绿色设计”之路。

在产品开发过程中，如果不重视环境保护意识，不考虑产品本身是否对环境造成污染和危害，而一味地关心它们的造型是否具有十足的创意，成本是否十足的低廉等，从长远的角度看，只会给企业带来损失，更会给人类赖以生存的环境带来不可逆转的损失和灾难。绿色产品开发，应该从产品的绿色设计开始。绿色设计的设计理念和方法以节约资源和保护环境为宗旨，它强调保护自然生态，充分利用资源，以人为本，善待环境。绿色设计不应仅仅是一个倡议或提议，它应成为现实文明和未来发展的方向。面对当前全球的环境污染、生态破坏、资源浪费、温室效应和资源殆尽等问题，每个地球人都应感到生存的危机。社会可持续发展的要求预示着“绿色设计”将成为21世纪工业设计的热点之一。“绿色设计”在现代化的今天，不仅仅是一句时髦的口号，而是切切实实关系到每一个人切身利益的事。

2.2.2　无障碍设计

无障碍设计又称通用设计，它是基于对人类行为、意识与动作反应的细致研究，致力于优化一切为人所用的物与环境的设计，在使用操作界面上清除那些让使用者感到困惑、困难的“障碍”（Barrier），为使用者提供最大可能的方便，这就是无障碍设计的基本思想。无障碍设计这个概念是在1974年联合组织提出的设计新主张。无障碍设计强调现在人类的和谐社会是高度人性化的生存状态，一切生活设施和环境都应该能够满足各种不同程度的残疾人士和逐渐丧失各种活动能力的人使用，如残疾人、老年人等。无障碍设计提倡在现代文明社会中人人平等，不能因为残疾人不具有各样的生活能力而被社会忽视，相反，应该更加重视这一群体。设计要关注所有人，让设计为所有人所通用。

我国目前的各类残疾人总数已经将近1亿，仅北京地区就将近100万，可想而知，如果设计不是通用的，那么将给这一部分人的生活带来困难。平常人很容易做到的事情，在残疾人士看来却是非常困难的。这样的情况随处可见：下肢残疾的人士乘坐公交车非常不方便，上、下车需要别人帮忙才能够乘坐；盲人打电话看不见按键，等等。无障碍设计关注、重视残疾人和老年人的特殊需求，但它并非只是专为残疾人、老年人群体的设计。它着力于开发人类“通用”的产品——能够满足所有使用者需求的产品。除了残疾人士，无障碍设计也要考虑到正常人中的特殊群体，例如有的人身高很高，腿很长，而普通人坐的凳子却很低，这样身高的人坐在上面就很不舒服等，在日常生活中这种例子还是非常常见的。

无障碍设计从关心弱势群体的角度出发，推动着设计的不断发展和进步，使设计的产品更加的合理、人性化。首先体现在城市公共环境、交通道路、建筑等方面。目前都市的道路大多铺有为盲人行走而建的盲道；城铁、地铁等交通工具也可以将轮椅方便地推进去，大大地方便了盲人的出行；公共空间都设有为下肢残疾的人准备的卫生间，如图2-15所示。

图　2-15

无障碍设计因其设计针对对象的特殊性而具有特殊的设计原则，美国北卡罗来纳州立大学通用设计中心以Ron Mace教授为首，在1995年针对通用设计的设计指针提出7原则。7原则是目前最具代表性的设计指针，本书以1997年改订公布的内容分述如下：

原则1. 平等的使用方式（Equitable Use）

定义：不区分特定使用族群与对象，提供一致而平等的使用方式。

1）对所有使用者提供完全相同的使用方法，若无法达成时，也尽可能提供类似或平等的使用方法。

2）避免使用者产生区隔感及挫折感。

3）对所有使用者平等地提供隐私保护及安全感。

4）对使用者具有吸引力。

原则2. 具有通融性的使用方式（Flexibility in Use）

定义：对应使用者多样的喜好与不同的能力（图2-16）。

1）提供多元化的使用选择。

2）提供左右手皆可以使用的机会。

3）帮助使用者正确的操作。

4）提供使用者合理通融的操作空间。

图 2-16

原则3. 简单易懂的操作设计（Simple and Intuitive Use，图2-17）

定义：不论使用者的经验、知识、语言能力、集中力等因素，皆可容易操作。

1）去除不必要的复杂性。

2）使用者的期待与直觉必须一致。

3）不因使用者的理解力及语言能力不同而形成困扰。

4）根据资讯的重要性来安排。

5）能有效提供在使用中或使用后的操作回馈说明。

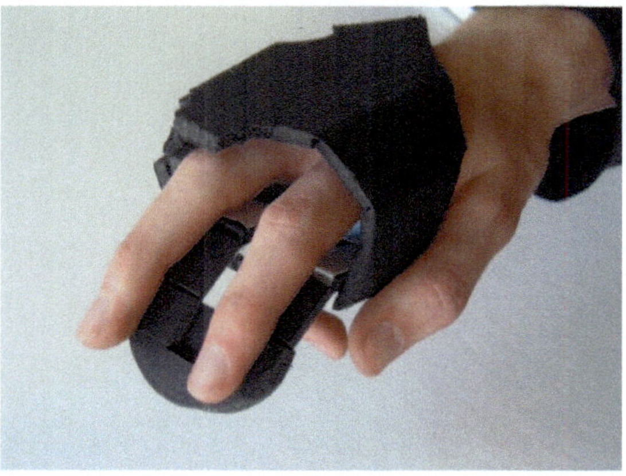

图 2-17

原则4. 迅速理解必要的资讯（Perceptible Information）

定义：与使用者的使用状况、视觉、听觉等感觉能力无关，必要的资讯可以迅速而有效率地传达。

1）以视觉、听觉、触觉等多元化的手法传达必要的资讯。

2）在可能的范围内提高必要资讯的可读性。

3）对于资讯的内容、方法加以整理区分说明（提供更容易的方向指示及使用说明）。

4）通过辅具帮助视觉、听觉等有障碍的使用者获得必要的资讯。

原则5. 容错的设计考量（Tolerance for Error）

定义：不会因错误的使用或无意识的行动而造成危险。

1）让危险及错误降至最低，使用频繁的部分拥有容易操作、具有保护性且远离危险的设计。

2）操作错误时提供危险或错误的警示说明。

3）即使操作错误也具有安全性（Fail Safe）。

4）注意必要的操作方式，避免诱发无意识的操作行动。

原则6. 有效率的轻松操作（Low Physical Effort）

定义：有效率、轻松又不易疲劳的操作使用。

1）使用者可以用自然的姿势操作。

2）使用合理力量的操作。

3）减少重复的动作。

4）减少长时间使用时对身体的负担。

原则7. 规划合理的尺寸与空间（Size and Space for Approach and Use）

定义：提供无关体格、姿势、移动能力，都可以轻松地接近操作的空间。

1）使用者不论采取站姿或坐姿，视觉讯息都显而易见。

2）使用者不论采取站姿或坐姿，都可以舒适地操作使用。

3）对应手部及握拳尺寸的个人差异。

2.2.3 体验设计

随着经济的发展、信息时代的到来，人们不再单纯地满足于物质生活的需要，更多的是趋于对精神生活的追求，向往一种舒适、时尚、美观、方便、小巧、梦幻的生活境界。为了满足人类和社会发展的需要，“设计”一词在全球引起了高度的关注，而设计一种能够满足大众需求的产品，已成为设计师毕生所追求的目标。随之，一种新颖且具创造性的设计——体验设计，引起人们的高度关注。体验设计是刚刚在我国兴起的一种观念，该思潮已被美国广泛用于设计实践中。

根据时间、地点和所构思的一种思想观念状态，从一个诱人的故事到重复出现该题目或在该题目上构建各种变化，使之成为一种独特的风格，根据用户的兴趣、态度、嗜好、情趣、知识和教育，通过市场营销工作，把产品作为道具，服务作为舞台，环境作为布景，使用户在商业或使用活动过程中产生美好的体验，使产品的体验价值长期逗留在脑海中，即创造一项顾客拥有美好的回忆、值得纪念的产品娱乐活动过程的设计，被称为产品体验设计。

1. 体验设计和传统设计的不同点

（1）含义和特征不同　传统设计是一种批量化生产，更多追求的是一种功能上的满足，对产品的外形、色彩、材质、包装、结构等考虑得较多。而体验设计是全方位、系统性的设计，它包括视觉、听觉、嗅觉、触觉等关系到整个人体，可以是真实的，也可以是虚拟的，让使用者在体验的过程中更加真实贴切地感受到产品的设计作用，同时还可以和产品产生一种互动。例如美国设计师设计的可散发出香味的嗅觉电视、可播放音乐的座椅等，都是具有体验式的产品形式。

（2）目的不同　产品的体验设计更多的是使用户在使用过程中拥有美好的回忆，衡量产品设计的优劣标准就是这个记忆体验的好坏，而使用者在体验的过程中，产品要具有主动性，这样才能满足人类在体验过程中的美好感觉，让人们留下美好的回忆。

在产品体验设计中，产品作为一种道具，服务于各种场景，然而体验也是不确定的，它不能凭空地产生某种体验，必须要有外界的刺激才能起作用。所以，要设计一种好的产品，必须要经过反复的试验推敲，直到满足人们的心理和生理需求。

（3）方式不同　随着人们对新潮、个性生活的渴望，人们不再满足于简单的功能需要，而是更多地希望参与到整个创造生活的过程中去，得到充分的满足感，这将成为人们对生活的另一种体验方式。德克霍夫在《文化肌肤》中提到，在不远的未来，设计的灵感来源将不会被局限于传统的美和功能这些概念，而会来源于人类最古老的对智慧的渴求。而产品的体验设计提供的是一种生活体验方式，它让人们在生活、工作、出游等各个方面感受到体验设计的魅力所在。面对同一款产品，相同的功能，根据不同的场合人们会作出不同的选择，从而产生不同的体验。例如，头盔有各种颜色可供选择，当人们外出旅行的时候，一定会选择一款具有运动和个性张扬的颜色来与之同行。与其说选择颜色是完成一件产品设计，倒不如说是在选择一种生活的体验方式。

因此，产品的体验设计赋予了使用者更多的自主性，让体验者在广阔的空间里发挥自身的主动性来实现最终的目标。

（4）对象不同　在产品的体验设计中，设计的重要内容是有使用者的参与，它是设计的有机组成部分，也是检验设计成功与否的标准。使用者的参与分为主动参与和被动参与。主动参与是指使用者就是创造体验的主体，如同电影中的演员。被动参与是指使用者不参与到体验中去，如同一个旁观者。

（5）对设计者的要求不同　体验设计要求设计者在设计的过程要有更系统、更全面、更深入、更具有广度和深度的设计思想，以便于迎接更具有挑战性的设计。作为一个设计者要涉猎更多的领域，扩大自己的知识面，以便于从这些领域中提取设计符号，激发设计灵感。同时还要多参与实践，对现有产品进行反复的调研和推敲，不断模拟客户参与体验的动态过程，才能真正地设计出一款符合使用者要求的设计作品。

设计以人为本，在体验经济的条件下，产品不再是简单功能的载体，它更需要人的参与，人是产品体验设计的主体，产品体验设计为人和物提供了良好的互动关系，从而为人类的生活增添了更多的情趣和便利。

2. 体验设计战略应用案例——Coasting（IDEO）

IDEO的Coasting项目是一个全面产品体验设计的经典案例。2004年，日本的高端自行车零配件公司Shimano发现，其在美国市场的销售量已不再增长，这使得他们产生了危机感。于是，Shimano联合IDEO希望通过设计来寻找新的增长点。经过第一阶段的市场分析和用户研究，IDEO发现，在美国90%的成年人不骑自行车，但几乎每个人在童年时期都骑过自行车。这被认为是一个巨大的潜在市场，而找到美国成年人不骑自行车的原因是进行下一步设计的前提。自行车制造商一直以为，用户购买自行车是为了实现锻炼身体的目的；希望自行车具有很高的科技含量，无论从造型或者使用方式上都能体现这一点；不骑自行车的人是因为他们懒惰，觉得开汽车更舒服。但是，通过应用人类学方法对潜在用户的研究，IDEO的四点发现彻底推翻了上述这个看似合理的解释：相当一部分不骑自行车的成年人对自行车其实有着特殊的感情，因为他们都有过与自行车有关的童年记忆；多数人并不希望穿着紧身的运动服在街上骑自行车，他们希望可以穿着便装，更休闲地享受自行车带来的乐趣；高科技感的设计让他们感到头疼，而零售人员却在商店主要针对自行车的科技含量进行介绍；专门的自行车车道比较少，他们觉得在公路上与汽车同行非常危险，他们不知道在哪里骑自行车是安全的。基于这些研究，IDEO的设计人员发现他们似乎并没有费脑筋地为Coasting思考创意，一切创意已在眼前。Coasting是一个全新的自行车种类，一种简单、舒服且有趣的自行车种类。它看上去有些怀旧，而且重新采用了过去在美国使用多年的倒转脚踏板的制动方式来唤起用户的童年美好记忆，以此来建立更好的人与产品的关系。Coasting虽然也采用了最新的自动变挡技术，但没有将这个技术放在表面，用户也看不到任何高科技的特点。随后，Shimano联合Trek、Raleigh和Giant共同将Coasting这个新的自行车种类推广上市。此时，传统意义的产品设计已经完成，但是IDEO的设计团队并没有停止。IDEO针对Coasting进行了零售服务体验设计。在美国的自行车零售店里，店员大多数都是对自行车技术和零配件痴迷的男性发烧友。他们介绍自行车的方式主要是自我陶醉的强调一串串零配件代号及其科技含量。IDEO为他们开发了培训手册，让他们明白在介绍Coasting时的零售体验战略。随后，IDEO又为Coasting开发了网站。通过该网站，用户可以了解到在哪里有自行车的专用车道，在哪里骑自行车是安全的。除此之外，他们还向地方政府提出开辟自行车专用车道的建议，并联合政府、制造商举办了以“Coasting”命名的休闲类自行车专题活动来推广Coasting。

3. 产品体验设计

约瑟夫·派恩与詹姆斯 H. 吉尔摩于1998年在《哈佛商业评论》杂志上发表了一篇名为《迎接体验经济》的文章，立即引起了很强烈的反应。其后撰写的《体验经济》一书又被哈佛大学出版社出版。他俩在书中阐述了一种观点，即体验是一种创造难忘经历的活动，是企业以服务为舞台，商品为道具，围绕消费者创造出值得回忆的活动，它也是一种经济物品，可以买卖。按照其理论，从经济角度而言，人类历史经历了四个阶段：从物品经济时代，到商品经济时代，再到服务经济时代，最后将进入体验经济时代。这说明随着社会的发展，人类必将进入到一种崭新的经济时代，而这个时代必定会给人类的生活方式带来前所未有的改革。

体验设计正是随着体验经济时代的到来应运而生。一段可记忆的、能反复的体验是体验设计通过特定的设计对象（产品、服务、人或任何媒体）来达到预期的目标。设计师既可以运用传统的设计手段（例如造型、色彩设计），也可以通过新的设计思路（例如塑造主题和混合使用多种记忆手段）来再现某段有特定市场价值的体验，并强化消费者的记忆。

在整体的设计系统中，产品体验设计作为其中的一项设计内容，它同传统的产品设计在内涵、表征上必然有所不同，也必然有其新的理念与特点。

1）体验经济条件下的生产与消费方式和相应的经济管理模式的变化，是产品体验设计形成、发展的基础。

对于传统的产品设计，其发展的源动力是批量化生产。从19世纪末期到现在，批量生产的管理模式几乎为所有工业制造企业沿用。工业设计师致力于产品的结构、造型、色彩、材质、包装等要素，从而实现产品易于生产且便于使用，这便构成了传统意义上的工业设计定义。

然而从20世纪70年代起，随着信息技术在各个领域的广泛应用和知识经济的逐步形成，工业设计所依赖的原有生产、消费和相应的经济、管理模式已经发生了几个方面的重要变化，而这些变化成为体验经济和产品体验设计形成、发展的基础。

① 信息技术使原来需要许多物质材料实现的产品和服务转变到计算机与网络系统组成的非物质的虚构体验世界。人们所熟悉的电子邮件、电子商务，以及运用个人数据交换技术和网络技术开发的产品为产品设计师提供了不同以往的新视野与领域。另外，从设计的战略角度，产品的生产和销售过程也更强调信息和知识的传递。总之，在商品市场化的过程里，消费者的感知和体验被提到前所未有的高度，得到了格外的关注。

② 随着知识经济的发展，产品的概念有了更广泛的意义，使之扩大到包括所有可以市场化的产品、服务、体验、活动、信息、知识、资产等，产品概念的扩展使产品设计针对的对象

由原来的具象化（由一个个零件组成的实体）转化为抽象化、系统化。

③ 产品体验设计要求设计从开始阶段就将个体消费的需求与消费经验融入到产品的生命周期里，解决了产品的个性化、多元化，从而出现批量化定制的生产与管理概念。

2）产品体验设计的目的是唤起产品使用者的美好回忆与生活体验，产品自身是以“道具”形式出现的。

在产品体验设计中，产品是作为道具出现的。能否让使用者在使用产品的活动过程中拥有美好的回忆，产生值得记忆的体验，是衡量产品设计优劣的标准，而且产品体验设计必须服务于产生体验的整个“剧情”的需要，使用者产生美好的回忆与体验是其最终的目标。按照吸收与参与的程度，体验可分为四大类：娱乐体验、教育体验、遁世体验和美学体验。通常，让人感觉最丰富的体验是同时涵盖这四个方面的，即处于四个方面交叉点的“甜蜜地带”的体验。

体验是对某些刺激产生的内在反应，它关系到整个人体。体验大都来自于直接观看或参与某些事件，既可以是真实的，也可以是虚幻的。从体验的角度来理解，世界是人类思想和理解的产物，并不是万物规律的产物。因此当产品作为道具所营造的氛围、环境及其对人产生的刺激引起人的体验时，人与物之间的共鸣便产生了，即满足了人的某种需求。

体验是不确定的，主体并不是凭空地产生某种体验，而是需要在外界环境的刺激下才有所体现。就这个意义上来说，产品在让使用者产生体验的过程中更具主动性，产品是施动者，人则是受动者。由此可见，产品体验设计的作用就是如何贴切、恰当地构架其产品与人之间的这种刺激与体验的互动作用。产生设计预期的某种体验，成为产品的主要功能，也是产品体验设计的方向所在。

作为设计者，应充分认识到产品体验设计是一场“体验的设计”，个体的体验是最重要的，而体验的价值将远远大于产品本身。产品的形式是整体的、全方位的，包括视觉、听觉、嗅觉、触觉等。体验性的产品设计还应是戏剧化的，在某一时间，某一地点，发生了某一故事，例如以“怡”为主题的音响设计，以“悦”为主题的手机设计，这些都是为某一特定的“剧情”，产生某一特定的体验感受而作。

3）产品体验设计使产品的概念具有更为广阔的外延空间，产品体验设计提供的是一种生活体验方式。

产品体验设计是为使用者产生体验与美好的回忆提供道具、生情点，它必须为产生体验的整个剧情、主题服务，设计必须满足演出的需要。而剧情之所以能够与观众取得共鸣，是因为它再现或印证、憧憬了使用者的某种过去或将来的生活体验，从这层意义上讲，产品体验设计提供的是一种使用者向往或能激发他积极参与的生活体验方式。

人们渴望决定自己的生活，并热切地希望投入这个创造生活的全过程中去，在过程中得到智慧，获得提高。过程本身就给了人满足感，对未来未知领域的探索，回味过去他人或自身的经历往往会超越最终结果——产品本身的意义。这种过程给予人类的满足感甚至可以让人忽略最终产品的某些不足。如果设计师以产品为媒介，在设计中表达对生活、文化的看法以及个人的生活体验，客户同样也可以，而不是被动地接受别人的表达。产品的价值因为有了这一过程而得到提升，也就更具内涵与魅力。这实际上体现了设计对人类自身心理层次的人性化关怀。

4）在产品体验设计中，唤起使用者的参与是一个重要方面。

完整的设计是由设计者、产品和使用者三方面共同完成的。故事有了道具，有了舞台，有了布景还不足以展开，必须有演员去表演、去参与，才能够生动、具体，才能够产生剧情。在产品体验设计中，使用者的参与是整体设计的重要内容，是设计的有机组成部分，也是检验设计成功与否的标准。

第一种方式，主要是使用者从产品中体会设计者所要传达的意境，从而唤起使用者的某种联想，这种联想与使用者自身的某种生活体验密不可分。虽然唤起联想的导线是相同的——同一个产品，但不同的人由于生活阅历、文化素质、民族习惯、兴趣取向的不同，产生的体验也会不同。

第二种方式，是使用者的主动参与，这种方式更像是流行的DIY，如手机可以随心所欲地变换彩壳，或者是使用者自己动手安装产品等（图2-18）。在自己动手的过程中，创造体验，不再是由产品唤起体验。在主动参与的过程中，不仅可以通过感觉器官感受外部世界，而且能够产生心理的满足感与成就感。

图 2-18

5）在体验经济条件下，产品体验设计需要设计者建立一种较以往更系统、更全面、更深入、更具有广度和深度的设计思想。

设计师应当是一个时代主流文化、经济及人们生活方式的内在体现。体验经济是当代美国风行的、继服务经济之后又一全新经济发展阶段，强调商业活动给客户带来独特的审美体验，其灵魂和核心是主体体验设计，由主题相关的各种元素及设计内外各种关系形成一个复杂的系统。原来以设计师主观感性为主的设计必须在系统的约束下走向理性。产品体验设计的每个细节都是整个大主题策动下的一粒棋子，按体验经济的观点，“工作就是剧场”，而设计细节就是剧情推动下的一个角色、道具符号，必须符合情节的安排与要求，是对主题有用或相关的规定动作。

产品体验设计的研究一方面从心理学、社会学等基础学科寻找理论基础，以解释人类所能产生的与产品相关的情绪和体验；另一方面又将这些与商业无关的基础理论应用于商业产品服务的开发中，为用户设计好的产品体验，为企业创建好的品牌。今天，产品设计再也无法单独存在，设计的系统思考成为了必然，也许这也是人们应该重新认识设计、定义设计、思考如何运用设计来建立品牌和取得商业成功的时候了。

练习：利用绿色设计或无障碍设计理念设计一套产品。

第3章

产品设计程序

由于设计理念和设计管理的研究不断进步，产品设计流程延长，与其他设计并行性阶段增多，使得企业不断变化其流程及管理方法。本章重点介绍了既能从社会大趋势、用户需求、市场营销、工程技术、经济性等全范围考虑，又能高效解决问题的产品开发与改良设计流程。阐述了设计管理的意义，并且面向设计管理分析了产品设计过程。

本章关键词：设计程序，产品开发，产品改良，设计管理

3.1 设计程序概述

产品设计程序是将设计目标和概念具体化的过程。英国设计协会于1990年提出一套设计程序，并将其分为三个阶段：

（1）概念阶段　了解问题与机会，分析问题发展策略，定义产品需解决问题的性质。

（2）设计阶段　发展方案，评估方案，精练并完善方案，制定规范。

（3）实现阶段　开模与生产，以及市场情况回馈与整理。

美国学者史蒂文·埃平格（Steven D. Eppinger）认为产品开发程序是指企业用来构思产品、设计产品及产品商品化的一连串步骤或活动，并将产品开发程序分为六个阶段：①规划阶段；②概念形成阶段；③系统设计阶段；④细部设计阶段；⑤测试与改进阶段；⑥量产开始阶段。

另外，也可将设计活动分为“内在创造”和“外在生产”两个部分。其内在创造分为：定义问题阶段、了解问题阶段、思考问题阶段、发展概念阶段及细部设计与测验阶段；外在生产则分为发展概念阶段、概念具体化阶段、细部设计阶段、生产阶段。设计是一门综合性的学科，所以设计流程并不像工业生产流水装配线那么简单明了。

图　3-1

图　3-2

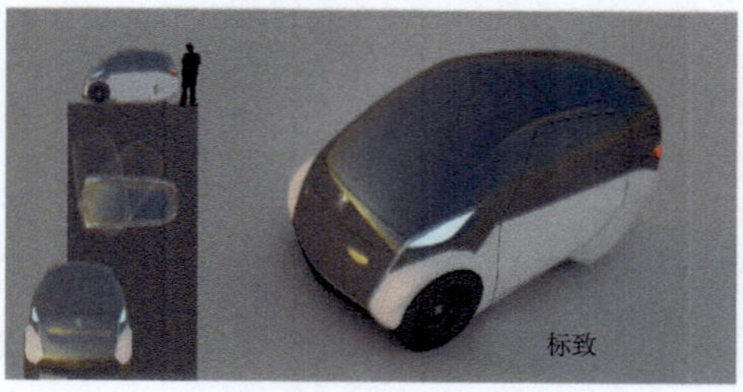

图　3-3

现代的产品设计是一项非常复杂的工作，涉及各个领域的内容和知识。特别是后工业时代来临后，产品已经不仅仅是提供某种功能的工具，还涉及美感、心理感受、文化内涵等方面的内容。所以工业设计是一个多学科交叉的学科。要做好一个产品的设计工作，单靠一两个设计师是无法完成的，尤其对于诸如汽车等复杂性产品的设计（图3-1、图3-2、图3-3），更是离不开设计师、工程师与模具师等专业人员的协力配合，越复杂的产品就越需要多方面的人才相互配合来完成设计工作。那么，如此庞大的团队就需要大家各司其职，在统一的领导者带领下按照一定的程序，分阶段地分析和解决问题，将各个阶段有机地融合成一个整体，才能使设计过程能够顺利地完成。所谓设计程序，就是产品设计的一般流程，也就是从产品项目的立项开始到产品的生产销售之间的各个步骤。产品设计的各个阶段并不是单独存在的，各个阶段是一个有机的整体，有时又是交叉的、反复循环进行的，在反复循环过程中不断地提出新问题、改进设计，最终获得完美的解决方案。

设计程序是否合理，直接关系到产品的设计质量，没有一套完整的设计流程作为指导，产品设计就有可能“胎死腹中”。现代产品设计虽然是团队作战，但每个人的思想不尽相同，如果不能统一每个人对设计产品的看法，设计就不能进行下去。合理的设计程序可以统一思想，但是设计是一个需要活跃思维的创新过程，在这个过程中，设计师不能墨守成规，思维应该不受束缚，而应灵活、跳跃地思考问题。那么，设计师的思维如何发散呢？可以肯定地说，设计程序的程式化流程一定会对设计师的发散思维造成影响，但是，设计程序在设计过程中又是不可或缺的，所以，在执行设计程序的过程中需要设计师灵活把握，全面研究与设计相关的因素，不断尝试各种创新可能，创造性地解决问题，以达到设计目的。

从大的方面来讲，产品的设计程序也就是提出问题、分析问题、解决问题的过程。产品是人们延伸自身能力的辅助工具，设计是为提高人们生活水平的创造性活动。从哲学意义上讲，产品设计是人类为适应和改造自然而进行的活动，也就是人们在生活中遇到问题，然后分析和解决这个问题。产品设计由设计师来发现人们的这些需求，以设计师专业的分析，通过产品这个介质，创造性地解决问题，满足人们的需要。

具体的产品设计的开发流程包含几个阶段，每个阶段是相互联系的因果关系，针对一个产品的详细设计过程，其程序依次如下：项目调研、项目确立、产品设计开发计划制订、产品调研、设计定位、方案设计、方案优选、方案深化、方案完成、方案评估。每个阶段又分为详细的步骤，会在以后的章节中详细介绍。

3.2　开发性产品设计程序

开发性产品设计是依靠创新设计理念，设计出与当前产品无共同之处的新型产品，在功能、形式、结构、科技、材料工艺或使用方式等方面有重大突破，是科学新技术、新发明应用和创新设计理念相结合的产物。

开发性产品设计包括创新型设计和概念型设计。创新型产品设计和改良型产品设计是相对应的，创新型产品设计是全新的产品设计，而不是根据已有的产品改良的设计。概念型设计是一种探索未来的设计行为。概念型产品可能在目前情形下还不能实现，但是会满足人们未来的需求，是人们对未来生活方式的向往和憧憬（图3-4、图3-5、图3-6）。概念产品设计具有很强的前瞻性和创造性，带有设计师的想象成分，因此概念设计具有很强的生命力，是生产开发、技术开发、设计创新的动力。

不同的设计类型，其设计程序也是不同的，开发性产品设计在设计阶段有着自己的侧重点和突破处，设计的过程比较多样化和灵活化，能够创造性地设计出比较独特的设计。

图 3-4

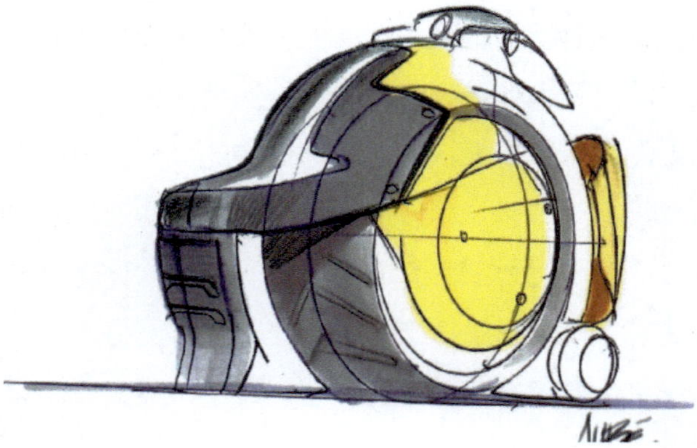

图 3-5

图 3-6

3.2.1 开发性产品设计项目的确立

开发性产品设计项目的确立对于开发性产品设计来说是至关重要的，开发性产品设计是全新的设计，没有上一代产品可以借鉴，因此，在开发的时候比改良产品要有难度。但是也正因为开发性产品设计没有上一代产品特性的限制，不需要考虑到产品的继承性，所以设计的空间更加广阔，设计充满着各种可能性，有更广阔的空间发挥设计师的想象力和展现其设计才能，设计师是十分愿意承担这样的设计项目的，并且非常喜欢这种充满不确定因素的挑战。这是开发性产品具有很强生命力的一个因素。另外，开发性产品由于其创新性而具有广阔市场，但也由于没有经过市场的考验而具有高风险性（图3-7）。为降低这种风险，就必须在开发性产品设计项目确立时把工作做得十分精细，要进行充分的考虑。

图 3-7

如何确立开发性产品设计项目是十分困难而重要的难题，如果一旦决策失误，就会对企业造成巨大损失，甚至拖垮企业，所以，在作出决策之前要进行充分的调查和分析，从而提高把握度。

1）开发性产品设计项目的确立要与当前社会发展相呼应并具有前瞻性。产品设计师是为提高人们的生活水平服务的，就是解决人们日常生活中遇到的问题，从而让人们的生活变得更容易和舒适。开发性产品设计则是为解决一个还没有被解决的问题或更好地解决问题而存在的，所以，开发性产品设计必须与当前社会经济文化相适应，并且具有一定的前瞻性。随着时代的变化和经济的飞速发展，人们的需求也在不断地变化，如果没有一定的预见性，开发性产品可能在投产之前就被淘汰了，这种前瞻能力决定着开发性产品的生命周期和是否有改良的机会。

2）开发性产品项目的确立必须具有吸引人的创新点。开发性产品的特征就是创新，所以在确立开发性产品设计项目的时候，必须考虑到此产品有多大的创新空间，也就是这个项目具有多大的吸引力。如果项目本身的创新点很少，那么设计就很难开发下去，即使勉强把产品设计出来，也不会具有很大的市场潜力。

3）开发性产品项目的确立必须充分考虑市场需求。市场决定着产品的命运，特别是开发性产品，因为开发性产品不像改良产品那样通过上一代产品探索市场潜力，而完全是摸着石头过河，所以项目确立前期的市场调研就十分重要了。市场潜在需求的挖掘是开发性产品设计项目确定的一个重要环节，这需要决策者充分掌握市场信息，并且具有敏锐的市场洞察力和市场预见性。

4）开发性产品设计项目的确定还要符合企业的理念。企业进行产品的开发是为企业的利益服务的，其产品不仅要符合市场的需求，还要融合企业的特质，人们在购买产品的同时还购买了企业的品牌形象，所以，企业确立开发性产品设计项目的时候，就要考虑到该项目是否符合本企业的理念，是否会影响到社会大众对企业形象的认知度等因素。

5）开发性产品设计的确立可以以当下比较关注的设计理念作为参考。当下流行的设计理念是对当前社会存在问题的解决，如绿色设计是为了解决环保的问题，系统设计是为了解决浪费和标准的问题，情感设计是为了解决快速的生活节奏给人的压力的问题，等等。开发性产品设计也是为了解决社会存在的问题和即将出现的问题，从而提高人们的生活水平。因此，开发性产品设计项目的确立可以从当下流行的设计理念中寻找灵感。

总之，开发性产品设计项目的确立需要其决策者考虑到方方面面的因素，以过人的魄力，预见性的眼光作出满足市场需要和符合企业理念的决策。

3.2.2 开发性产品设计的内容与程序

开发性产品设计是为创造出崭新的产品服务的，所以，其设计程序也有别于改良型设计程序，其设计的重点在于创新，创新贯穿于设计始终。

1. 开发性产品设计的内容

（1）对市场上没有而又有需求的产品进行开发　目前所处的生活环境还不是完美的，仍然有很多需要通过产品来解决的问题。有时候作为设计初学者会感觉到困惑，觉得找不到设计点，没有东西可设计，其实不然。只要通过仔细、认真的观察会发现，生活中仍然有非常多的问题有待解决，而解决这些问题的方法就是设计。一个好的创意往往来源于对生活的观察和体验，对生活的热爱是设计师保持旺盛设计精力的源泉。开发性产品设计需要设计师善于从生活细节入手找到问题，从人们的愿望入手帮助人们实现愿望。

（2）对未来有潜在需求的产品开发　有些开发性产品设计不是马上就有使用价值的，而是通过设计师的预测，在未来能够体现出使用价值。对未来有潜在需求的产品进行开发，可以在未来的市场上占有先机，并能够体现企业的实力，给消费者建立品牌的信心。比如福特三栖跑车设计，在目前看来，这种跑车完全只是为显示福特汽车的实力而设计的，但是在未来，如果高楼高耸入云或海平面上涨，陆地越来越少的情况下，这种跑车就会普及了，而这种可能有其存在的合理性：一方面确实是楼越建越高，而陆地交通越来越拥挤；另一方面，气候变暖，冰川融化，海平面在逐年升高。如果一旦出现这种情况，三栖跑车就派上大用场了。

2. 开发性产品设计的程序

开发性产品设计是一个系统的工程，其流程包括：项目策划、项目确立、创新设计、方案确定、方案评估与优选、测试投产、信息反馈、营销等一系列活动。在这个过程中，创意是十分重要的，其体现在项目策划、项目确立以及创新设计中。

随着时代和经济的发展，现代产品设计周期在不断缩短，设计分工越来越精细，各部门之间的配合越来越多，因此单向的设计流程已不适应现代的设计了。设计流程的各个阶段不再是按照顺序进行的，而是并行的。并行的设计流程需要各个部门间默契的配合，交叉地进行，并且各个部门间需要反复的沟通和改进。

（1）设计项目的确立　下面以青年人日均能耗系统设计研究为例。如果把开发性产品设计看做是一个发现问题、分析问题和解决问题的过程，那么开发性产品设计项目的确立就是一个发现问题的过程，项目确立的正确与否直接关系到产品开发的成败。所以，开发性产品设计项目的确立要十分的谨慎，在这一项目的确定中分为三个阶段：

1）项目调研。开发性产品设计项目确定之前必须进行广泛而深入的调研，选准切入点。由于市面上没有类似的产品作为参考，新产品的开发会有很大的难度，但是同时正因为市面上没有类似的产品，新产品也拥有着巨大的机会。在有了开发新产品的意向后，开发性产品的项目调研需要从以下几个问题着手：

① 新产品的市场潜在需求有多大，也就是有多少潜在需求者。

② 这些潜在的需求群体的购买能力如何。

③ 需求者对新产品的期望值有多高。

④ 是否有正在开发同类产品的竞争对手。

2）调研分析。综合分析调研的内容，根据调研的结果提出设想的产品描述，根据这种假想的描述分析新产品是否有市场，市场的潜力有多大，评估投入和产出的比例。

首先，由于青年人家庭观和生活观的改变，所以他们在工作奋斗和娱乐消遣的同时，也肩负着照顾家庭和规划家庭的重任，因此在这些方面消耗了大量的能量（图3-8）。

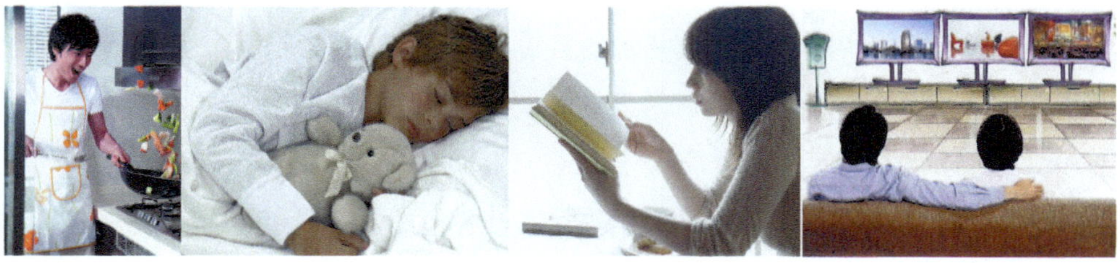

图　3-8

其次，这个群体正值创业、事业发展而有所作为的时候，所以工作和生活占据了他们绝大部分的时间。高强度的工作量和当今电子信息大量的普及，使这类群体在工作上将花费大量的能量（图3-9）。

图　3-9

最后，又由于这类群体在思想和行动上都能包容和接纳新的事物，所以他们在工作之余的娱乐活动也是相当丰富的。其中，运动对于能量的消耗也是很大的（图3-10）。

图　3-10

所以，总的来说，年轻人在工作、学习、生活、娱乐等方面具有独有的特征（图3-11）。

图　3-11

3）确立项目。根据分析结果确定开发新产品，并将“发现的问题”转交设计部门，正式确立开发项目，进入开发过程。

（2）产品开发计划的制订　产品开发项目进行设计之前必须作周密的计划，以保证产品的开发顺利实施。由于新产品开发过程涉及设计、工程技术、制造、营销、管理人员等各个部门的分工和合作，参与开发的人员都要充分认识、理解和领悟新产品所达到的目标，这需要不同部门的人员明确自己的职责和项目跟进的时间安排，确保项目能够保证质量、按时完成。所以，一份完整的产品开发计划是十分必要的。

产品开发计划书包括：各部门的人员分工情况、各部门的任务划分、各部门负责人联系方式、项目进行的具体计划表。

（3）市场调查　市场调查是产品设计当中一个非常重要的环节，完整而准确的市场调查是产品设计的依据。市场调查的范围非常广，贯穿于设计始终，从产品立项到成为商品出售，以及产品的流通和使用过程都是市场调查的内容。市场调查通过准确的收集资料和数据，进行客观的分析和评估，能够得到科学的信息，从而为设计找到突破口，为企业确立开发项目和进行产品设计提供依据。

1）市场调查的内容。

① 目前的调查，任何产品都是放在当前环境这个大背景下存在的，这包括自然环境和社会环境。开发性产品设计也必须考虑到所开发的产品对自然环境的影响，以及怎么能够更好适应环境的问题。当前自然界面临着工业的严重污染，设计界也积极呼吁进行绿色设计，开发性产品更要以绿色设计作为设计的基本原则。另外，新开发的产品要充分考虑到产品的使用环境，使产品融入到环境当中。如果产品和它的使用环境格格不入，那么这个设计无疑是失败的。由于开发性产品是没有先例的崭新的东西，所以还必须考虑到当前国家的法规政策、经济形势等方面的内容，以保证产品顺利的上市。

② 消费者对新开发产品的期望值调查。为确保设计项目确立的正确性和设计工作顺利展开，对消费者的期望值进行调查是十分必要的。产品设计的使用对象是消费者，设计的好坏取决于消费者的满意程度。由于开发性产品没有同类产品在市场上试水，所以相对的风险性要比改良设计大很多，因而必须在市场调查阶段做充足的调查和分析工作，取得科学、准确的资料。市场调查伴随着设计的始终，在很大程度上决定着设计的成败。消费者对新产品的期望值调查是通过调查有多少人存在着新产品所能够解决的问题，其中又有多少人希望通过一件产品来解决这个问题，以及期望该产品都有哪些功能等问题来展开的。

③ 产品的实现技术调查。产品的实现技术是设计能否转变为现实商品的保证，没有技术作为支持的设计只能停留在概念阶段。开发性产品的技术调查要全面，因为没有以往类似产品的技术作为参考，所以调查要以当前能够满足新产品的所有技术为调查对象，然后从中优选出最为合理可行的几个方案进行设计，最后进行方案优选。正在进行试验阶段的技术和不久的将来有可能实现的新技术也在调查的范围内，这能够为该产品之后的改良设计提供突破点。

④ 人文观念和思想观念调查。人们已进入了信息时代，各种文化和思想得到了广泛的传

播，市场调查要收集在各种文化冲击下的生活方式和思想观念的发展趋势、转变的情况，以此为依据研究在不同文化背景下人们的心理和行为，通过对这些信息的分析和总结来发掘市场的潜在需求，提高生活品味或创造新的生活方式来满足人们精神上、心理上的需要。

2）市场调查的阶段。

① 确立项目前的调查，以确保项目确立的正确性，同时为设计工作的展开提供有力依据。

② 项目确立后，设计工作开始时的调查，为设计提供依据，寻找设计的突破口，如功能调查、技术调查等。

③ 在新产品小批量投入市场试销时的调查，测试消费者的购买情况，掌握消费者对产品的满意程度和改进空间，为产品正式投产前的修正工作提供依据。

3）市场调查的准备工作。市场调查的一个很重要的内容是调查内容的设置。由于每个阶段的调查目的不一样，调查的内容设置要有所侧重，针对目的限定调查范围，设置调查内容、时间、地点和对象。

在进行调查的时候，工作人员给出的问题一定要简洁、明确，不能使调查对象产生疑惑感，问题的设置能使消费者用最简洁的词语（例如："是"、"否"、"喜欢"、"不喜欢"等）来回答，这样得到的答案便于分类和统计，也能够用最短的时间得到最准确的信息。在对消费者进行访谈时要有耐心，仔细地聆听消费者的阐述，并观察被调查对象的表情变化，捕捉消费者的心理变化，不要打断被调查者的思路。对于访谈调查，很重要的一点是所提问题要使消费者乐于回答，愿意为调查者提供明确的、真实的信息。

4）市场调研的实用方法。市场调查的方法有很多，选用时要根据具体的情况具体分析。下面介绍几种针对工业设计的实用调查方法。

① 询问法。询问法是通过问答的形式来了解调查的内容，是各种调查研究中采用最广的方法。询问法一般可分为四种：面谈法、电话访问法、调查表法、计算机辅助法。面谈法是直接与被调查者接触的调查方法，因而也最能直观地反映出调查者的真实想法，而其他三种方法都是间接地接触，能够节省调查成本。

询问法中的问卷调查法举例如下：

您好！

我们是燕山大学艺术与设计学院的研究生，现做关于青年人的"优+"系统的研究。请您给予支持，谢谢合作！请在所选选项后的"[ ]"内画"√"。其他请写在其后面的横线上。

1. 您觉得饮食的时候以下哪种消耗最不合理？

① 吃饭时候花的力气 [ ]

② 饭后的清洗 [ ]

③ 煮或点的太多吃不完 [ ]

④ 食物的搭配不合理 [ ]

⑤ 煮饭时候的烧火用电等　　　　[ ]

⑥ 其他________________　　　　[ ]

2. 您觉得个人护理的时候以下哪种是浪费或麻烦?

① 用水的浪费　　　　[ ]

② 洗漱用品的重复购买　　　　[ ]

③ 洗漱用品的摆放混乱　　　　[ ]

④ 清洗衣服等　　　　[ ]

⑤ 水的加热和保温　　　　[ ]

⑥ 穿戴的衣服　　　　[ ]

⑦ 个人护理环境　　　　[ ]

⑧ 其他________________　　　　[ ]

3. 您觉得日常清洁最累的是哪个?

① 除尘　　　　[ ]

② 除脏　　　　[ ]

③ 大范围的大扫除　　　　[ ]

④ 死角打扫　　　　[ ]

⑤ 清洁周期　　　　[ ]

⑥ 清洁方式　　　　[ ]

⑦ 清洁工具是否符合人机　　　　[ ]

⑧ 其他________________　　　　[ ]

网络问卷调查方法越来越被广泛地使用，随着网络技术的发展，将面谈法和网络问卷调查法结合起来的网络面谈法已成为现实，通过在网络上面对面的视频交流，不但节省了沟通成本，而且能够培养交谈气氛，尽快地将话题引向主题，使被调查者作出真实的回答。

② 观察法。观察法是调查人员在调查者不知情的情况下观察其购买行为，这样能保证消费者在正常的活动下呈现出真实的信息。调查者在现场不仅能够了解事件的发生过程，还可以观察现场的气氛和环境等因素对消费者的影响，取得其他调查方法得不到的资料，并且可以身临其境地感受消费者的心理情况。

但是，观察法也容易被调查者所看到的表面现象所迷惑，因为观察者凭借的是观察消费者的行为得出的结论，而不是通过消费者自己的回答得到的，这就需要调查者具有辨别现象和本质的能力，根据调查目的和对象作好周密的计划，合理地确定观察的路线、程序和方法。观察过程中运用技巧，灵活地对待突发事件，从中取得有价值的资料。观察的同时可采用录音、拍照、录制视频等方法协助收集资料，以便作出准确的调查结论。

③ 迅速试探法。迅速试探法就是在新产品正式投放到市场之前进行的试销行为。为降低新产品的市场风险，通常在正式投放市场前进行试销，通过试销来调查市场和消费者的反馈情况。迅速试探法能够得到消费者对新产品的真实反映，具有一定的客观性和实用性。

④ 模拟观测研究。模拟观测研究是通过模拟产品的使用过程而从中寻找出设计的不足之处，进而修改甚至推翻原有产品而重新设计。

模拟观测研究需要运用许多科学的方法和手段来进行，例如利用模型来测试人机关系，利用样机测试使用情况和产品寿命等。目前，由于虚拟现实技术的发展使得通过计算机模拟真实的产品和使用环境成为可能，可以通过施加力学的影响观察产品在使用过程中的具体表现，从而得出有价值的数据，对产品进行修改，得到更加完美的产品。

（4）设计定位　设计定位是通过对调查信息的分析、总结，提炼出设计概念，以指导设计工作。市场调研给设计带来了大量的信息，通过对这些信息的归类和分析，站在消费者的角度找出设计的源泉，是设计定位的一个非常重要的步骤。发现问题是设计定位的核心，设计师应充分发挥其设计才能，将发现的问题转化为设计概念，将问题抽象化、具体化，预想出新产品的功能、使用方法等。在明确了设计概念后，设计师们便可以在这一概念的指导下展开设计工作。设计概念的提炼需要设计师具有丰富的设计经验和经过反复的推敲，设计概念往往直接影响到设计工作的展开和新产品的设计走向。问题的发现和设计概念的提炼可以通过一些方法来进行，比如：缺点列举法、联想法、KJ法等。

（5）方案设计　方案设计实质上是通过分析解决问题的过程，这一过程的核心是创新。设计师从功能、形式等方面捕捉设计灵感，当然灵感并不是凭空而来的，而是通过前面的调查分析，依据市场需求加上设计师的经验和对生活的感触而受到的启发。在设计创意初期阶段，设计师不应受到已有经验或是技术上的限制，要充分发挥其想象力和创造力，通过天马行空的想象和联想提出大量的、大胆的创意。然后，在这些创意中寻找可行的、更加优秀的方案进行后期的构思工作，后期的构思就要尽可能接近于可行，要考虑到技术上、成本上的可行性，以便方案能够转变为现实的产品（图3-12）。

可行性发展
- 新能源开发
- 家用节能工具开发
- 生活一体化工具开发
- 科技型除尘工具
- 新型代步工具
- 新型代劳工具
- 新型低耗睡眠工具
- 科技通信交流工具
- 交流互动产品
- 热循环利用工具开发
- 能量转化设备开发
- 办公一体化设计
- 新能源结构布局

图　3-12

设计构思形成后就要通过设计草图的形式表达出来，当一个创意形成后，要迅速地用草图将它记录下来，因为灵感是转瞬即逝的，虽然记录的草图可能并不具体，但是这个创意可以继续深入，通过反复的思考使这个创意组建并成熟起来。草图阶段可以不必讲究技法，因为这是设计师本人分析、思考的过程，设计师本人能够看懂就可以了。这个阶段是具体设计环节的第一步，从造型、人机关系等角度入手将创意具体化、视觉化。

设计构思成熟后可以通过草模来研究形态的表达和人机关系，草模能够直观地表达出设计创意的造型和是否符合人机关系。当然，这个时期的草模能够表达形态就可以了，不必考虑材质和细节。通常，草图和草模是相互并行、反复的关系。通过草图来建立草模，根据草模的反馈进行草图的修改和重新设计。

（6）设计方案优选　随着创意的增多和设计构思的深入，设计师对该产品理解也会更加的深刻，那么，设计师会针对比较成熟的设计构思进行展开。这个时候需要对成熟的草图具体化，包括功能、造型、材料、结构、使用方式和生产方式等方面进行全面的考虑，将这些方面的因素形成一个完整的规划材料（例如文字+图形）。在考虑这些方面因素的时候也要与市场调查的结果结合起来，真正做到“以消费者为中心”，“为消费者服务”的设计。这其中要充分考虑消费者的心理、情感和环境等方面的因素，因此在造型塑造和材料选择以及色彩设计上都要以“人性化”的标准来设计。

在这么多的方案面前，要挑选出优秀的方案是件不容易的事情，要经过反复的筛选和评估，在筛选的过程中要遵循以下几条原则：

1）方案是否与开发的产品立项目标一致，是否符合本企业战略目标。

2）方案是否能够实现。

3）方案是否有开发价值。

4）方案不违反有关规定，符合行业标准。

5）方案不对环境造成较大的污染，不对社会构成危害。

这其中可能会有冲突，比如该方案有开发价值，但是对环境污染较大，这就需要设计师们权衡利弊，挑选有高尚的道德情操和职业精神的资深专家来评估。

（7）设计方案深化　进入到设计方案深化这一阶段，要做的是将已经选用的新产品设计方案深入的细化，推敲细节，确定新产品结构和技术参数，为生产提供依据。

1）推敲新产品结构。新开发的产品最终能否在生产线上生产，很大程度上取决于设计结构的合理性，在方案深化这一阶段，需要设计师与结构设计师通力合作，透彻分析产品的结构和生产方式，并且要与模具设计师探讨能否开模，只有这些都在合理的范围内，才能够使产品实际生产出来。

2）考虑细节。明确了产品的结构生产等方面的因素后，就要考虑产品的材质、色彩等细节问题，并且测试产品的人机关系、设计的合理性等内容。这些细节的考虑可以通过制作模型或样机来完成。这里的模型和样机必须能够充分地体现造型和结构，可以体现任何细节，这样才能真实地把产品表现出来，从而发现问题，改进设计，为模具设计提供参数。

3）设计表达。产品的设计可以通过三维效果图、模型、设计制图、虚拟现实表达等方式来表达。

① 三维效果图表达。三维效果图能够在平面上把产品的立体效果表达出来，可以体现出产品的造型、材质、色彩等直观感受，是传统的表现技法。

② 模型表达。模型能够以真实的三维立体效果在视觉上表达产品的造型、材质、色彩等内容，还可以根据结构分析进一步研究设计的合理性。

③ 设计制图表达。设计制图是产品进行生产的技术图样，这里面包含了产品的尺寸、各部件的详细情况以及结构组合方式。产品生产必须按照设计制图的规定来进行。

④ 虚拟现实表达。虚拟现实表达是新型的设计表达方式，它是通过计算机虚拟技术，将涉及的产品及使用环境进行三维建模，通过模拟真实产品和使用环境来表现产品的外观、结构、使用方式、生产方式等。其优点是在虚拟的环境中可以360° 观察产品，模拟产品各部件

的组合方式，推敲人机关系，进行产品虚拟展示，甚至模拟生产的流水线等，从而避免在产品的设计和生产中出现麻烦。

4）编写设计说明书。设计说明书是将产品的设计意图清楚地表达出来，呈交给企业的管理者作最后决策的说明性文件。设计说明书要简洁、扼要，把产品的设计创意、技术参数、最终效果表达清楚，具体的设计说明内容要根据具体情况而定，一般的设计说明书应该包含以下内容：

① 封面。

② 目录。

③ 产品开发计划表。

④ 市场调查情况。

⑤ 设计定位。

⑥ 设计构思情况。

⑦ 设计方案介绍。

⑧ 设计方案优选。

⑨ 设计综合评价。

⑩ 最终方案设计效果展示。

（8）设计方案完成　这一阶段是从设计转变为生产的阶段。在设计方案的完成阶段，进行评估后的方案是准备进行生产的最终方案。在进行详细的评估之后，需要进行手板制作和工艺上的设计，取得准确的生产数据，制造出少量的产品，为产品的正式生产作好准备。

（9）设计方案评估

1）设计方案评估。每个国家的评估标准都是不相同的。总体上来说，设计评估有两大基本原则：一是该设计对消费者和社会有何意义；二是该设计对企业有何意义。

新产品制造出来以后，要从技术上、经济上对产品进行全方位的试验、检测和鉴定，包括对产品性能的测试、经济效益的评定和对社会价值的评价等内容。

具体的评估内容包括：

① 符合企业项目目的。

② 创新性。

③ 符合人机工程学原理。

④ 符合环保要求。

⑤ 能够创造经济效益。

⑥ 符合安全性原则，不对社会造成危害。

⑦ 具有社会效益。

⑧ 符合产品质量要求。

⑨ 与使用环境的协调性。

⑩ 符合企业发展理念。

2）新产品试销、市场反馈。在产品正式投产之前通常要进行产品的试销，试探市场，从而得到市场的反馈信息，对产品进行精确的修正。试销一般是在一定的市场范围内进行的，目的是作市场测试，以降低盲目大批量生产的风险。试销后要进行试销产品的调研工作，掌握消费者对产品的反馈意见，预测市场的潜力。

3）精确修正、正式投产。通过对消费者的意见汇总，总结新产品仍然存在的问题，对产品进行精确的修正，然后进入到正式生产阶段。通过对市场潜力的调查和预测，划定销售范围，确定销售时间和预计的销售量，制订销售策略和销售渠道以及售后服务等计划，这些是新产品获得成功的必要保证。

3.3 改良性产品设计程序

3.3.1 产品改良设计的意义

改良性产品设计是产品设计中一个大的门类，设计师的大部分工作也是在作改良性产品设计，改良性产品设计比较开发性产品设计而言，市场风险比较低，每一次改良性产品设计都是在上一代产品的基础上进行的设计，设计团队具有了一定的经验，掌握了消费群体的要求，进而在设计过程中具有目的性，并且改良性产品继承了上一代产品的优良品质和上一代产品树立起来的品牌形象，这个对于企业都是十分有利的。

改良性产品设计是一系列产品的后续设计，根据上一代市场的反馈情况而改进不足，因此，比上一代产品更有品质保障，消费者通过使用上一代产品已经形成了对该产品和该企业的信任度，所以对该系列产品有一定的信任和感情因素。改良性产品与上一代产品具有衔接性，可以继承上一代产品的售后服务，并且可以回收利用换代产品的配件，避免造成浪费，形成绿色设计理念。

3.3.2 产品改良设计的内容与程序

产品的改良设计是在已有产品的基础上进行的升级活动。那么在改良设计的过程中，应该从哪些方面入手进行改良呢？既然是在已有的产品基础上进行的改变，那么就从产品本身属性上寻找可以提高产品档次的设计因素，如功能、材料、技术、外观等，但是无论从哪一方面入手，都需要广泛而可靠的信息资源，所以，改良设计的调研是寻找设计点的重要环节。经过分析大量的调查信息，就能得出该产品可否改良，改良的设计点在哪里。

1. 寻找改良设计的设计点可以考虑的因素

（1）从产品的功能方面考虑　产品是功能和形式的有机结合，实际上，人们购买产品需要的并非是产品的本身，而是产品给人们带来的服务。人们在享受这一服务时体现出产品的价值（图3-13）。

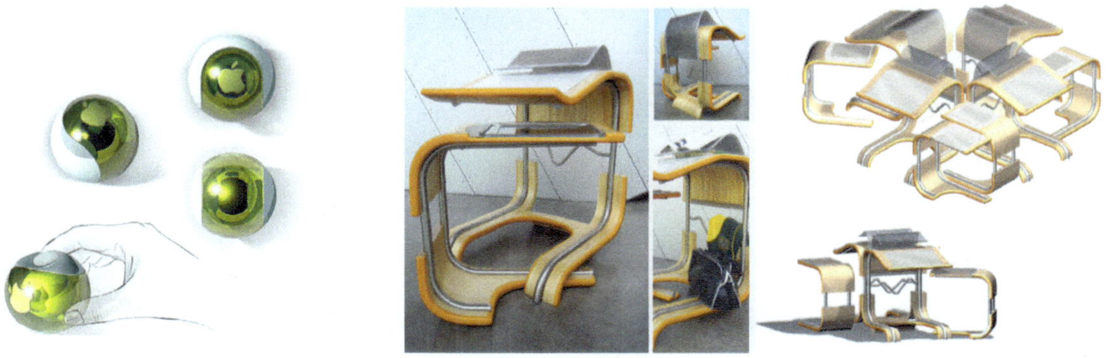

图 3-13

由于社会的发展，人们的需求在不断地变化，需求层次也在不断提高，这就要求产品不断提升功能来满足人们的需求，产品的功能要不断创新和完善。一旦人们需求的功能得不到满足时，市场就出现了商机，而人们的需求是不断的，而且随着经济的飞速发展而加速更新变化的，所以功能的改良是十分重要和必要的。

（2）从产品的形式方面考虑　人们在购买产品的时候，第一感觉是十分重要的，第一眼看到产品的感觉会在很大程度上影响是否购买的决定。这种感觉的确立是建立在产品形式上的，人们在观察一件产品的时候，第一感觉是产品的色彩，然后是产品的造型，在形式感足够吸引购买者的时候，购买者才有可能想要去了解产品的功能和其他的属性。但是这种产品形式感并不是一成不变的，而是随着人们的生活水平的变化、审美层次的变化、文化修养的变化和环境的变化不断地改变的，所以这就给产品改良设计提供了机会。如果从一些老品牌一系列的产品发展来看，可以很明确地发现这些形式上的改良，例如美的电风扇系列，虽然在功能上并没有实质上的变化，但是可以看出每款机型在形式上都符合当时的审美需求。随着时间的流逝，改良设计要不断地推陈出新。

（3）从新技术、新材料方面考虑　新技术和新材料的发明使得产品改良设计有了新的设计点，新技术和新材料能够替代原有技术和材料，改进产品的功能和形式，更好地满足消费者的需求，也能够使原来实现不了的功能和形式由于新技术和新材料的应用而变为现实（图3-14）。例如液晶技术的成熟促使计算机的改良设计向更加便携、更加小巧的方面发展；塑料材料的发明改变了传统的设计观念，由于塑料材料成型较为简单、自由，因而设计师对产品造型的改良有更大的发挥空间。

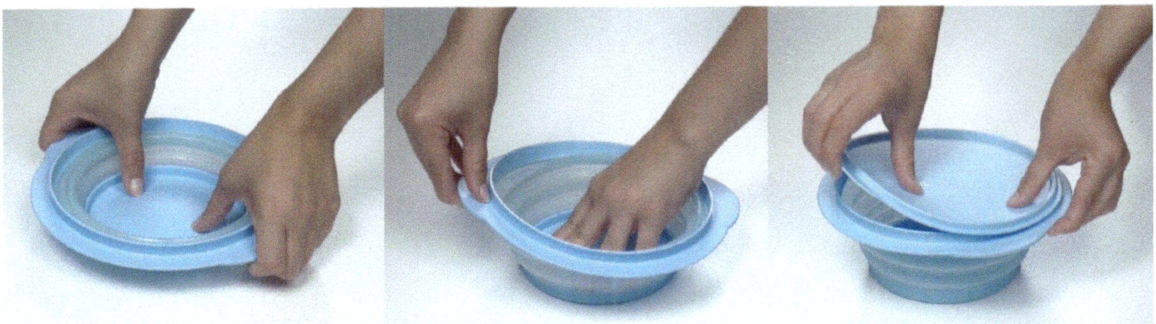

图 3-14

（4）从人文观念的变化方面考虑　由于时代的进步，人文观念的变化也十分迅速。十年前的观念在今天来说已经很落伍了，从当下流行的话语及网络流行词语中就能看出端倪，如“和谐”、“健康”、“科学发展”、“BT”、“80后”、“90后”等，能让人们感觉到时代的变迁（图3-15）。人文观念变化了，消费观念也随之变化。例如几年前人们购物的时候还拎着塑料袋，现在都用环保袋了，这说明人们的环保意识在增强，已经意识到环境是个大问题。由于近年来城市化进程的加快，人们的生活压力越来越大，城市人开始崇尚回归自然的生活方式，这些都说明人们的观念在不断地发生变化。产品的改良设计要从这些观念的变化中找准设计点，使产品为适应人们的人文观念变化服务。

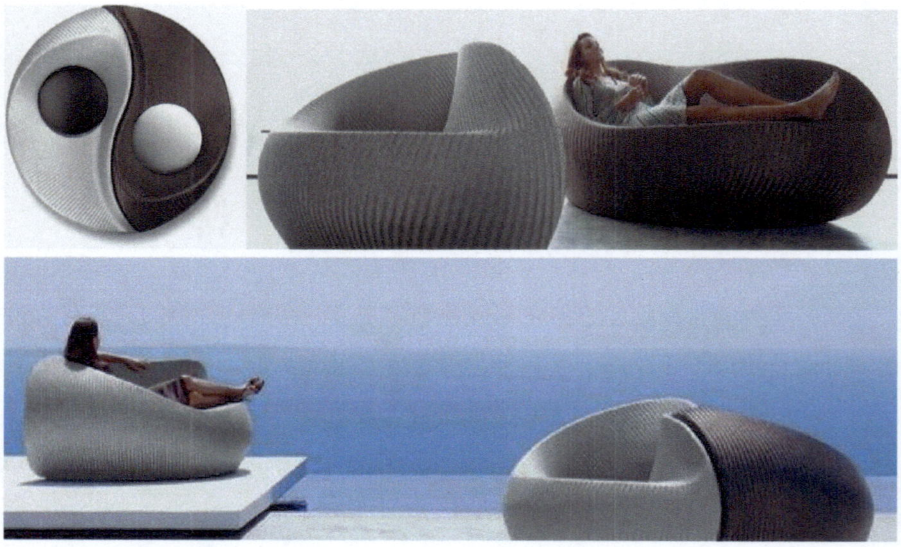

图　3-15

（5）从环境的变化方面考虑　环境分为自然环境和产品的使用环境两个方面，自然环境是人们所生存的环境，由于环境污染、资源和能源的过度开发，使得人们生存的环境越来越恶劣，所以产品的改良设计要考虑到这一点，应该使改良后的产品减小对环境的破坏，甚至保护和修复环境。从产品的使用环境来说，产品的改良设计应该适应逐渐变化的使用环境。这一点在汽车的改良设计上表现得很充分。为降低污染和节省能源，电能汽车在有些地方已经上市了，汽车企业也在积极着手进行清洁能源的汽车开发；由于城市空间不足，停车位成为有车族的一个难题，特别是大城市表现得比较明显，所以一些小型车受到了消费者的青睐。这都是由于环境因素的影响给产品改良设计带来的机会。

总之，产品的改良设计是基于产品的需求分析而展开的，这需要设计师在设计伊始就要做大量的调研工作，了解现有产品和目前消费者的需求或潜在需求之间的差异，利用设计师敏锐的观察力和较强的创意能力解决目前产品解决不了的问题，通过改良设计将产品提升到一个新的高度。

2. 产品改良设计的注意事项

因为产品改良设计是在原有产品的基础上进行改良，所以不能像开发性产品那样比较自由地进行创意工作。改良设计要考虑到产品品牌、销售渠道和消费者对产品认知的沿用性。这主要表现在以下几方面：

（1）改良产品的设计风格要有延续性　产品的改良设计是在原有产品的基础上作出的局部调整，由于原有的产品在市场上有了一定的消费群体和销售渠道，消费者已经对该品牌的产品有了一定的了解和认知，为保留原有产品的消费群体和销售渠道，扩大品牌的影响力，改良后的产品在设计风格上要和原有产品的设计风格有延续性，可以让消费者通过产品的外观就能知道该产品是该品牌的新产品（图3-16）。消费者会在原有产品的认知基础上对新产品抱有期望，有利于企业品牌的塑造和新产品的销售。

图 3-16

（2）改良后产品的基本使用方式不能发生大的变化　改良后的产品会比改良前的产品更加出色，但是如果没有必要，不要改变原有产品的基本使用方式，因为原有产品的消费群体已经适应了这一产品的基本使用方式，形成了使用习惯，如果突然改变这一基本使用方式，会造成原有的消费群体的流逝，对企业品牌的口碑造成不利的影响，甚至会影响改良后的产品市场占有率，所以，如果一定要在基本使用方式上作改良设计，那么一定要做充足的调研和有必要的应对措施。

3. 产品改良设计的基本程序

人们一般把产品开发改良的程序分为5个阶段：①吸取意见；②意见的甄别、评价；③开发；④检测；⑤商品化。

在市场日趋成熟的今天，商品开发的程序也出现多样化。而且，即使是同一个公司、企业，也未必经常采取相同的程序。在这种情况下，为了提高产品开发的效率和缩短周期，上述程序中的①、②阶段就被省略了，一下子就进入了开发阶段，同时，在第④阶段通常都要进行的试销活动的时间、对象和地域等也都被缩小了。

产品改良设计的基本程序如下：

（1）创意　新产品的开发首先从收集意见开始。历来从事产品开发的人们的意见多从其企业原有产品上获得，这样的意见虽然安全，但缺乏创新性，因此，在向公司范围内广泛征求意见的同时，也应要求产品开发部门要有灵活性。例如，在公司内设立一个创新事业部这样的团体组织，从事一些带有投机性的事业，刺激自己公司的研究开发及新产品的开发等，使组织运转灵活机动。

作为市场调查的方法，焦点访谈、集体调查、消费者调查是创意的基础。此外，与其在产品开发部门内部讨论，不如向公司内部寻求人才，集思广益地想出好的开发方案。据统计，从意见收集至最终产品问世，大体上平均需要花费60天的时间。

（2）创意的区别　区别各种创意的目的主要有以下两点：

1）排除那种即便能够投放市场，但作为商品不能创造效益的创意。

2）选择有前途的创意，为下一项产品的概念开发作准备。创意对于改良性产品开发是很重要的，有好的创意，产品才能有好的卖点，改良的结果才是成功的。

（3）概念的开发和检测　在概念的开发和检测阶段要决定商品概念的内容，即“凭什么买这个商品”。新产品应该如何适应消费者的生活方式变化，如何满足消费者的利益要求。因此，将新产品的作用作为一种观念来把握是很有必要的。

（4）营销战略的开发　在营销战略的开发阶段要作各种各样的调查，根据调查结果来分析欲投放产品的市场情况。预测出未来市场的产品大小、构造，以及地位、销售目标、利润及市场占有率等，制订出综合销售的战略。针对改良性产品而言，这一阶段是非常重要的。因为通过这一阶段的开发，产品改良点能够被发掘和凸显出来，从而为产品后期的开发分析提供一个基本的设计支撑点。

（5）经济性分析　经济性分析这个阶段涉及的是项目计划，它有时与上述第4阶段在同一阶段进行。第4阶段终了之后，便进入设计测试阶段，即要进行关于企业投入的经营资源（人、物、钱、情报）的事业分析。除此之外分为短期和长期的经济性分析，并算出各种投资利益率指标。这样做的目的是衡量产品开发过程中的价值是否最大化和合理化，从而保证开发的产品能给企业的现今和未来带来利润。

（6）产品开发　产品不同，其开发程序也不同。但一般来说，首先做出产品的基本性能说明书，并做出一个模型或样品，然后再经技术部门、实验室、研究所等检测、评估、推敲之后再适量地生产一些试制品。但是往往在产品开发阶段，在确定产品标准之前的试制品生产制造过程中，因试制错误要花费好多时间和费用，但同时也会因此产生许多技术、生产上的新见解，这些新见解多被作为企业的技术情报而被积蓄下来。虽然花费了时间和金钱，但是为后续产品的开发准备了条件，从而大大地弥补和增强了产品的市场后期竞争力。另外，在开发最终阶段要重新估计设备投资额，以便重新修正事业计划，保证产品在投放到市场上的时候具有一个合理的前期规划和销售计划。

（7）试销　新产品是否适应市场需求，第4阶段所制订的市场营销战略是否行得通，为考察上述问题，就要先在一定的地域实际地进行一下试销。试销的目的是利用小投资找寻产品的问题所在，避免之后更大规模的出错和投资失利。通过试销之后细致地分析得到的结果，将结论反馈到产品开发阶段，在对市场营销计划加以必要的修正后，最终完成产品投放市场的营销计划。

（8）商品化　商品化是大量产品的销售阶段，也是商品实现其价值的最终途径。在这个阶段，生产设备、人员、销售途径等人力、物力的经营资源投入已被确定，这时组织的运用管理便变得重要了。要正确地把握产品投放市场后来自各方面的反应，灵活机敏地修正设计、生产单价、贩卖价格、质量管理、库存必要量，实施合理的促销措施，确保新产品的市场优势，防止货物的堆积和销售的堵塞。

3.4　产品设计程序管理

3.4.1　设计管理

1. 设计管理的提出

设计管理自诞生到现在不过四五十年的历史，现还处于探索阶段，对其概念的界定从不同角度有不同的认识。在早期阶段刚提出“设计管理”一词时，由于其认识和理论研究还不是那么透彻，所以描述的内容更注重从设计活动运作过程的管理出发，例如最早给设计管理下定义的是1966年英国设计师Michael Farry提出的，他说“设计管理是界定设计问题，寻找合适设计师，且尽可能地使设计师在既定的预算内及时解决设计问题”。可以看出它是从设计实际操作层面来阐述问题的。1976年伦敦商学院的Peter教授对设计管理下的定义为：“从管理的角度看，设计是一种合作性的为使产品达到某种目标的计划过程，因此，设计管理是这个计划过程中一个重要的也是最为核心的方面。”它通过计划、组织、统筹，规划及监督设计的全过程，协调各种资源，最终使设计达到预期的结果。

但随着时间的推移，企业全球化市场的开拓以及市场自身激烈的竞争，以设计来加强和提升企业的核心竞争力才是明智的选择，所以设计在企业中的重视程度越来越高，渐渐地上升到企业发展战略的位置，同时更多的高新技术以及先进的生产手段被引进企业当中，使得企业的规模和设计的复杂程度在不断地扩大，设计作为企业的战略资源需要从更广泛的角度上加以组织和管理，以期为企业长远的发展创造相对宽裕的优势空间，而此时的设计管理的内容也大大地扩展了。例如美国设计管理学会主席E. Power对设计管理的定义为：“以使用者为中心，对有效产品、信息和环境进行开发、组织、计划和资源支配”。

在信息与经济日益全球化的今天，随着设计的发展，国内专家则认为，设计管理的基本出发点是提高产品开发设计的效率，设计管理就是根据使用者的要求，有计划、有组织地进行研究与开发管理的活动，有效地积极调动设计师的开发创造性思维，把市场与消费者的认识转换在新产品中，以新的、更合理的、更科学的方式影响和改变人们的生活，并为企业获得最大限度的利润而进行的一系列设计策略与设计活动的管理。设计管理是管理与设计理念的融合，设计管理的形式是设计，实质是管理。设计管理的核心是开发新产品。

不管是以设计为背景，还是以管理为背景去理解，设计管理的基本内涵已逐步走向一致。综上所述，设计管理研究的是如何在各个层次整合、协调设计所需的资源和活动，并对一系列设计策略与设计活动进行管理，寻求最合适的解决方法，以达成企业的目标和创造出有效的产品。

2. 设计管理的优点

设计不再是设计师的个人行为，更不是“灵感”到来时的冲动，而是一个团队集体智慧的凝结和迸发，在操作上应该是可看得见的实物，不再是“摸不着的”或是“只可意会不可言传的神秘之物。它的目的就是确保设计过程的顺利进行，并对其监督和控制，在设计前期做好准备工作，在设计过程中妥善处理好设计同企业内各部门及资源的关系，为设计下游提供产品数据及文档，并为企业和下一设计任务更好地服务。

1）有利于促进技术突破和不同领域的合作，企业社团各方面资源得以充分利用，从而实现设计制造的敏捷化，推动技术迅速转化为商品。

2）有利于及时获得市场信息，设计针对性强的产品，由设计改变生活方式，从而为企业开拓新的市场。

3）有利于正确引导资源的利用，利用先进技术实现设计制造的虚拟化，降低了人力、物力的消耗，提高了企业产品的竞争力。

4）有利于正确处理企业各方面的关系，创造出健康的工作氛围。

5）有利于建立一支精干、稳定的设计队伍，解决人员流动过频的弊端。

6）有利于创造清晰、新颖和具备凝聚力的企业形象。

随着我国改革开放的深入，市场经济的不断完善，竞争日益激烈，一个有机的、系统化的设计管理无疑将给企业带来健康的发展。“健康”并非仅仅指“没病”，“健康”的深刻含义在于：一个内在系统的各个方面协调运行而呈现出的勃勃生机。建设在这个意义上的管理体系，正是人们共同的目标。

3.4.2　面向设计管理的产品设计过程分析

产品设计程序的建立目标就是要在设计管理的基础上，结合战略规划、市场调查、产品设计、生产制造、营销战略、服务保障、组织建设和评价体系，提供给企业一个多维性的管理系统，同时应用信息技术将所有涉及的有价值的信息数据进行分级别共享，并利用并行工程的概念创新新产品开发的工作模式。产品设计程序管理在本书中专指产品设计过程管理。设计的过程主要包括前期的产品设计创意，以及确定创意方案后深入细节的设计、表面肌理和加工工艺的确认两个阶段工作。从设计的思维上来讲，可以分成思维的发散和收敛两个过程。

1. 创意阶段

设计创意阶段是思维的发散过程，设计管理者需要选择合适的设计师，组成创意小组，组织他们进行一系列的思维相互激发活动。通过组织这样的活动，可以收集到很多新颖的、独特的设计切入点。在这个阶段，首要工作是将思维发散，即利用各种使得思维活跃和相互激励的方法，拓宽思路，碰撞出火花，收集这一过程中产生的灵感，找到一个很好的设计切入点。这一步工作为设计师提供了一个可以充分展现个人设计才华与创造性的舞台，目的是满足消费者的需求，开发人员可以在此阶段充分思考是选择现有技术还是研发新的技术来实现产品的功能。从这个意义上讲，设计概念的构思阶段正是设计师对产品原型的构建阶段。设计师应当运用自己的洞察力、经验以及技巧来塑造这个新产品，以此来展现自身的创造性和艺术才华。同时，这个过程需要有效的设计管理，有效的设计创意方法是十分必要的，它可以帮助设计师完善设计构想、改进产品原型、创造新的形式以及为产品添加吸引消费者的新功能。

所以对设计过程的管理首先要做好创意的收集工作，这个过程要运用合理的、有效的设计创意方法。在设计的创意阶段，设计师将会面临一个潜在的问题，那就是受自己的预想解决方案的影响，从而形成思维定式。这种预想通常产生在设计创意的开始阶段，设计师在接到设计任务时，会自然而然地去考虑解决的办法，这就是所谓的第一感觉。不过要注意的是，这种第一感觉解决问题的思路，往往并非消费者真正想要得到的结果。从产品开发的成功案例来看，成功的创意和概念往往不是源自于最初的想法，这些创意可能是第10个、第20个，甚至是第30个想法。另外一个设计创意阶段的问题就是，设计人员可能会局限在自己的考虑范围之内，从而导致新产品设计中做不出很大的突破。对于由多人组成的设计团队来讲，在开发的过程当中，他们之间可以通过相互的启发产生大量的产品解决方案。每个人都有自己的经验和知识结构，当然也有知识的盲区，所以在团队合作之下能够互相弥补这个缺陷，集我国中小型民营企业设计管理的现状分析及研究中更多的优势。

当今时代已经进入了一个以新产品开发为主线的创新时代，新的产品创意能够让企业保持旺盛的生命力。设计师要用创新的心态去面对新产品的开发，也就是要利用创意去解决以下三方面问题：

1）找出技术创新的源泉，即找出生长点。一万个创新理论上就有一万个生长点，正如一万个婴儿，由一万个不同的细胞发育而成一样。但是胞胎有其共同规律性，例如都由23对染色体组成，都是“十月怀胎，一朝分娩”。那么什么是科技创新共同性的生长点或源泉呢?

2）找出创造性思维的激发规律。创造力与智力（运用知识的能力）不同，智力有积累性，它是依靠对知识的理解和记忆，通过循序渐进的积累而成；而创造力就不同，创造力有激发性，可唤起创意和想象力，通过悟性和正确引导而形成，它与智力无直接的联系。那么，怎样去激发创造性思维呢?

3）找出新产品开发的思路、方法和管理之道。在上述找出创新的生长点和找出创造性思维的激发规律这两个问题解决之后，就可以找出新产品的开发思路。产品设计构想是产品开发过程中的重要组成部分，通常从产品的整体策略入手，通过系统的设计方法可以得到各种产品的创意。设计创意方法可以利用创造性思维的激发规律，帮助设计师克服存在过程中的思维定式问题。

2. 设计收敛阶段

在设计收敛阶段，由于设计师需要对设计创意阶段确定的方案进行设计数据、细节确认，所以需要对产品的结构和加工成形方法有所把握。设计师需要知道产品的内部结构、安装的要求、总体和局部的尺寸、加工工艺、表面肌理等实际的信息。这些信息决定了设计下一步应该往什么方向深入，最后会有怎样的效果。而作为一般的设计师不可能全面地了解这么多的信息，这时候设计师就要通过交流来实现信息的获取。

设计师在这个阶段普遍存在实际工程化方面的问题，这时就需要设计管理者组织这样的集体交流活动，集中解决这方面的问题。工业设计师在会议上可以提出自己遇到的问题，也可以询问结构设计师、工艺设计师一些实际的问题，大家可以通过协商确定设计继续往哪深入，确定产品的结构和加工工艺。一些比较有创意的造型设计，可能会突破常规，并且由于外形的改变使内部的结构需要较大的改动。同时，由于内部结构的限制，在造型影响到内部功能结构时，工业设计师也要对原有的造型作一些修改。作为结构设计师，不希望产品的结构作很大的改动，以致内部结构要根据外形重新设计。而有的工业设计师认为，产品的创意是最重要的，新颖的造型能够成为产品的一个独特的卖点，所以坚持外形不能变。一旦工业设计师和结构设计师之间发生矛盾，都坚持自己的立场不变，就使设计陷入了两难的境地。往往这个矛盾需要借助设计管理者来解决。设计管理者需要结合各方面因素来衡量，主要包括两个方面：一是对产品内部结构调整需要花销的成本，二是预计优良的设计在市场上带来的利润。将两者进行比较，以企业盈利为最终目标作出最后决定。

3. 设计评估阶段

设计评估是对设计不定期地有效控制，通过对设计的评估，可以让设计师在设计进程中及时发现设计存在的问题，并作出调整。

例如对当前中小民营企业所作的设计评估。一方面，大部分都是在设计方案做好后再对设计展开评估。在设计过程中没有阶段性的评估，以致在设计进行的过程中方向发生了偏差也没有得到及时的调整，一直到整个方案做完后才得到评估，并发现问题。导致设计必须回到原来的位置，重新开始，这样的重复劳动不但浪费了后期的设计，还造成了设计周期延长等后果。

另一方面，大部分中小民营企业由于没有企划工作的实施，导致设计评估时缺少市场依据，往往是由企业上层和总工程设计师等根据个人的经验和猜测来做出决策。这样的设计评估导致设计出来的产品只符合企业上层的意愿，但是却不是消费者想要的产品，一些产品在市场上滞销。设计评估的标准来自于企划阶段的调查结果，最符合市场需要的产品才是企业要开发的产品，才能够帮助企业实现利润增值的目的。所以设计评估时，要以消费者为标准，站在消费者的立场去看待设计，而不是凭设计师的个人爱好和猜测。设计评估一定要深入设计的过程，对设计的每一个关键步骤都要有很好的控制。这样，企业就能保证设计的最终方案与最初的设计目标保持一致，让设计目标得到有效的实现。

综上所述，产品设计程序管理的目标如下：

1）缩短设计流程，用以节省成本。如同一般企业界的知识管理一样，运用设计资料库的资料管理与分享的方式，达成缩短设计作业流程的结果。

2）经由有效管理来强化竞争力。塑造一个具有创意与活力的组织，强化设计团队的执行力与组织力，建立共同的远景。

练习一：写出前列腺治疗仪的开发设计程序。

练习二：写出电风扇改良设计程序。

第4章

产品设计方法

产品设计方案创造方法的灵活应用，有助于设计者发散思维，产生好的设计构想。本章重点介绍了多种行之有效的设计创造方法。同时，产品设计过程总是伴随着大量的评价和决策。随着科学技术的发展和设计对象的复杂化，单凭经验、直觉的评价已经无法满足产品设计的要求，因此有必要采用先进的理论和方法使设计评价更客观、更科学地进行。

本章关键词： 设计方法，创造，设计评价

4.1 创造性思维的产生

发散思维是通过想象和联想，冲破习惯的束缚，让思想自由地发散。收束思维则是对发散的思维进行归纳、整理、分析，通过缩小探索区域，来选择其中最有可能实现的设想。“既要善于发散，又要敢于收束。”产品设计需要运用这两种思维进行创造。

发散和收束思维都非常重要，在解决一个问题的时候通常需要先进行思维的发散，寻找很多解决问题的办法，然后再进行收敛式的收缩，将解决问题的办法的范围缩小，循环找一个最合适、最便捷的方法。这就是发散思维和收束思维的综合应用。

4.1.1 发散思维

1. 发散思维的概念

发散思维也叫扩散思维、辐射思维、多向思维等，是指人在思维过程中，无拘束地将思路由一点向四面八方展开，从而获得众多的解题设想、方案和办法的思维过程。

发散思维本质上是一种非逻辑的思维形式。发散思维通过一点向四面八方展开联想，没有各种习惯的束缚，可以天马行空地想象，突破思维定式和固有的局限，重组已有的知识或者开拓新的空间。发散思维从一点出发，联想到的每一点又都作为起点，继续发散，可以说这样的想象是无穷尽的，能够极大地开拓脑力。发散思维所联想到的思维目标有可能脱离脑内已有的逻辑框架而具有新意，成为一个新的创新萌芽。

2. 发散思维的特征

（1）流畅性　流畅性是指思维的进程流畅，没有阻碍，在短时间内能得到较多的思维结果，也就是单位时间内发散的量越多，流畅性越好，它体现了发散思维在数量和速度方面较高的要求。发散思维的流畅性有的人强些，有的人弱些，但经过训练，大多数人都可达到流畅的程度。

（2）变通性　变通性指的是发散思维的思路能迅速地转换，从而得到更多的思维结果，为选择解题方案提供更多的可能，也就是思维在发散方向上所表现出的变化和灵活。在变通性方面，人与人之间的差异往往很大。人们常常说有的人死心眼、一根筋、一条道跑到黑，就是说这样的人变通性很差。也就是说，那些思想僵化、性格偏执、作风生硬的人，必然思路狭窄，发散思维能力低；而那些思想灵活、性格开放、作风随和的人，必然善于变通，发散思维能力强。当然，在碰到大量的钉子后，变通性差的人也可能会逐渐转变。

（3）独特性　独特性体现的是发散思维成果新颖、独特、稀有的特点，它是发散思维的灵魂，属于最高层次。如果一个人的发散思维没有独特性，就不可能为创新思维提供有价值的东西，发散思维也就失去了创新的意义。让自己的发散思维结果具有独特性，是每个人追求的目标，但这方面的能力人们彼此也有差异，而且一个人在不同时期的能力也有强有弱。经过培养和训练，或克服了某些心理上的障碍，这方面的能力也是可以增强的。

例如，设想“清除垃圾”有哪些方式，可以提出“清扫”、“吸收”、“粘附”、“冲洗”等手段。在有限的时间内，提供的数量越多，说明思维的流畅性越好；能说出不同的方式，说明变通性好；说出的用途是别人没有说出的、新异的、独特的，说明具有独创性。发散思维的这三个特点有助于人消除思维定式和功能固定等消极影响，顺利地解决创造性问题。

要更好地保持发散思维的流畅性、变通性和独特性，首先要向规则挑战。规则是人定的。世界在变，一切都在变，因此，世界上没有永恒的规则。向规则挑战，不是不要规则，而是重新审查一下规则，仍然合理的规则就保留，已经过时的规则就要取消，制订出新的规则。这也是思维变通性和独特性的表现。

3. 发散思维的作用

发散思维在整个创新思维结构中的核心作用十分明显。首先提出发散思维概念的美国著名心理学家吉尔福特说过：“正是发散思维使我们看到了创新思维的最明显标志。”可以这样看：想象是人脑创新活动的源泉，联想使源泉汇合，而发散思维就为这个源泉的流淌提供了广阔的通道。发散思维从小小的点出发，冲破逻辑思维的惯性，让想象思维的翅膀在广阔的天空自由地飞翔，创造性想象才得以形成。

发散思维在整个创新思维结构中具有基础性作用。在后面要讲到的创新思维的技巧性方法中，有许多都是与发散思维有密切关系的。著名的奥斯本智力激励法中最重要的一条原则就是自由畅想，它要求不受任何限制地去寻找解决问题的办法，这实际上就是鼓励参与者进行发散思维。

发散思维的主要功能就是为随后的收束思维提供尽可能的解题方案。这些方案不可能每一个都十分正确、有价值，但是一定要在数量上有足够的保证。如果没有发散思维提供大量的可供选择的方案、设想，收束思维就无事可做。可见，发散思维在整个创新思维过程中实际上是起着后勤保障的重要作用（图4-1）。

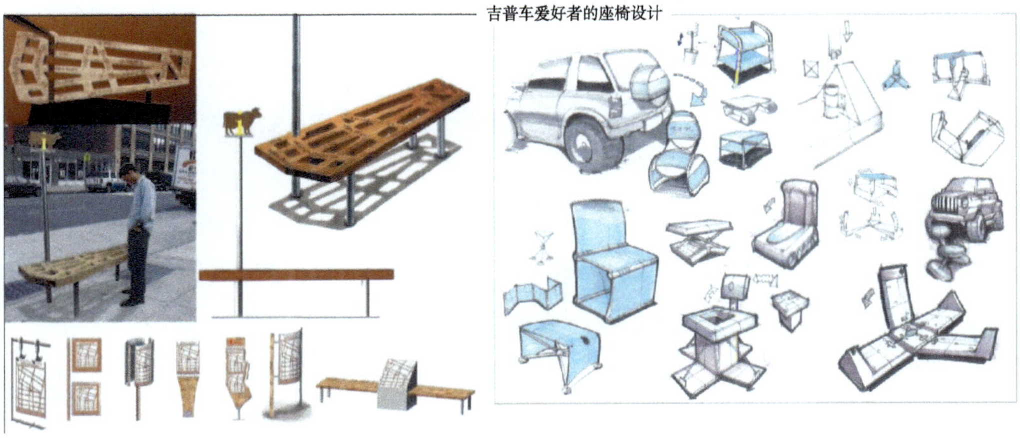

图 4-1

4.1.2 收束思维

1. 收束思维的概念

收束思维又称集中思维、辐集思维、求同思维、聚敛思维，是一种寻求唯一答案的思维，其思维方向总是指向问题的中心。

与发散思维相反，收束思维在解决问题的过程中，总是尽可能地利用已有的知识和经验，把众多的信息和解题的可能性逐步引导到条理化的逻辑链中去。就像电视上的娱乐节目中常有的形式那样，每前进一步，都是向目标的靠拢。

有的研究者曾经认为，收束思维可能对创造活动有阻碍作用。这种说法并不正确。收束思维对创新活动的作用也是正面的、积极的，和发散思维一样，是创造性思维不可缺少的。这两种思维方式运用得当，都会对创新活动起促进作用。

2. 收束思维的特征

收束思维具有批判的选择的功能，在创造活动中发挥着极大的作用。通过发散思维，提出种种假设和解决问题的方案、方法时，并不意味着创造活动的完成，还需从这些方案、方法中挑选出最合理、最接近客观现实的设想。也就是说设计构思仅有发散而不加收敛，仍不能得到解决问题的良好方案，没有形成创造性思维的凝聚点，最后还需要运用收束思维产生最佳且可行的设计方案。收束思维实际上是按照逻辑程序进行思考的方法，离不开逻辑思维常有的分析、综合、抽象、判断、概括、推理等思维形式，所以，收束思维的特征与逻辑思维的特征大体上是一致的。它主要包括以下几点：

（1）集聚性　如果说发散思维的思考方向是以问题为原点指向四面八方，具有开放性，那么，收束思维则是把许多发散思维的结果由四面八方集合起来，选择一个合理的答案，具有集聚性。集聚性的直接体现就是在收束的过程中不会再有新的解题设想或方案出现，已有的设想或方案的数量也会通过评价、选择的优化过程变得越来越少，直到获得一个最优或相对最优的结果。

（2）逻辑性　发散思维的过程中，从一个设想到另一个设想时，可以没有任何联系，是一种跳跃式的思维方式，具有间断性。收束思维的进行方式则相反，是一环扣一环的，具有较强的连续性，这是由逻辑思维的因果链而决定的。

（3）实用性　发散思维所产生的众多设想或方案，一般来说多数都是不成熟的，或不完全符合实际，对发散思维的结果，必须进行筛选，收束思维就可以起到这种筛选作用。被选择出来的设想或方案按照实用的标准来决定，应当是切实可行的，这样，收束思维就表现了很强的可行性（图4-2）。

图　4-2

4.1.3　收束思维与发散思维的主要区别

收束思维与发散思维的主要区别包括以下两大方面：

1. 思维指向相反

收束思维是由四面八方指向问题的中心，发散思维是由问题的中心指向四面八方。

2. 作用不同

收束思维是一种求同思维，要集中各种想法的精华，达到对问题系统、全面的考察，为寻求其中最有实际应用价值的结果，而把多种想法理顺、筛选、综合、统一；发散思维是一种求异思维，在广泛的范围内搜索，要尽可能地放开，把各种不同的可能性都设想到。

收束思维与发散思维之间是辩证关系，既有区别，又有联系，既对立，又统一。没有发散思维的广泛收集、多方搜索，收束思维就没有了加工对象，就无从进行；反过来，没有收束思维的认真整理、精心加工，发散思维的结果再多也不能形成有意义的创新结果，也就成了废料。只有两者协同动作，交替运用，一个创新过程才能圆满完成。

收束思维与发散思维之间的辩证关系早已被人们认识，许多科学家对此都非常重视。著名的心理学家吉尔福特就说过：“也许我们正需要发散思维与收束思维之间的协调。”著名科学史专家库恩也同样认为发散思维与收束思维对于科学进步是同样重要的。许多发明创造都是在合理运用发散与收束思维后产生的。

4.2　产品设计开发计划

产品设计开发计划是在企业理念的指导下，统筹设计、生产、销售等各部门的资源，针对市场需求而制订的具体的、可行的产品开发计划。企业开发产品的目的是使企业获得收益，而且不仅仅是金钱上的收益，还有扩大企业对社会的影响力，这就要把企业的理念融入到设计思想中去，通过设计出来的产品传达给消费者，以增强消费者对企业的信任感（图4-3）。

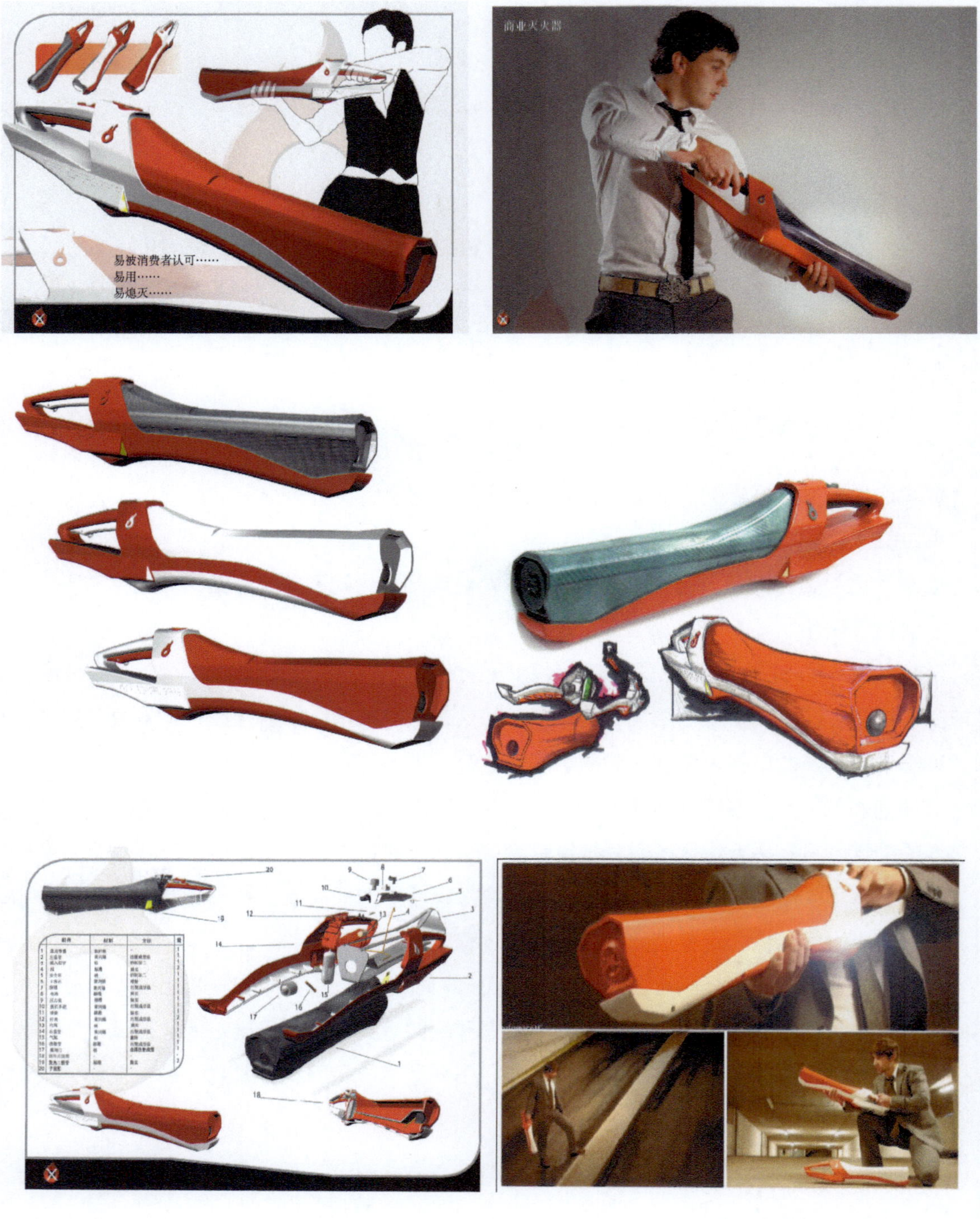

图 4-3

4.2.1 产品设计开发计划的类型

马斯洛需求理论由低到高分为生理需求、安全需求、社交需求、尊重需求和自我实现需求五类，这五类需求对应着不同的消费阶层，而不同的消费阶层又是同时并存的。社会的发展也对应着不同的需求层次，经济发展的不同阶段相对应的需求层次也不同。同时，产品开发计划因不同的需求层次而有所不同。例如，新中国成立初期，百业待兴，各种产品极其匮乏，所以消费者不可能有很大的选择余地。这时，产品的开发计划是以企业自身生产为目的的，只要能生产出来就能卖出去，所以产品开发计划更多的是考虑生产技术和生产能力的问题。

根据不同经济发展的阶段所对应的需求层次，产品开发计划可分为三种类型。第一种类型，以企业自身的生产为目的的产品设计开发计划。市场经济发展初期，竞争不激烈，能够生产出来的产品都能销售出去。第二种类型，以满足消费者需求为目的的产品设计开发计划。这个时期，经济得到快速的发展，人们生活水平得到提高，消费者选择产品的自由度扩大，竞争日益激烈，为提高市场占有率，企业不得不着手提高产品的销售量。为达到销售的目的，产品的设计就必须开始考虑消费者的需求，因而就必须制订满足消费者需求的产品设计开发计划。第三种类型，以创造新的生活方式为目的的产品设计开发计划。当经济发展到一定阶段，人们的物质生活得到极大丰富的时候，人们就开始追求精神上的满足，对于产品的要求不仅仅停留在功能上，而是希望通过产品来追求生活品质。这对产品设计开发计划提出了更高的要求，产品设计开发计划的制订必须考虑到产品的设计能够引导人们追求更高层次的精神上的满足感。

4.2.2 产品设计开发计划的内容

产品设计开发计划是一项长远的计划，不仅包括新产品的开发，还要考虑到新产品上市后的后续问题。因为市场是不断变化的，产品必须适应市场的变化才能生存，所以产品开发计划还要包括当市场变化时的产品改良设计计划以及产品的生命周期的把握和系列产品的扩延等。

1. 新产品的设计开发

新产品的设计开发首先必须保证能够促进企业的发展，这是企业开发产品的原动力。这其中要考虑到产品对市场变化的适应、消费者的需求变化的适应、产品进入退化期对企业的影响等方面的内容。

2. 产品的改良

当市场出现变化时，产品就要相应地作出改变，以应对市场的变化。产品的改良要尽可能地预测市场的变化，在市场发生变化之前将产品改良，占有先机。这种预测是建立在对消费者需求的变化的把握，对新技术、新材料应用的探索以及对造型、色彩等方面的改进上的。

3. 产品生命周期的把握

产品从进入市场开始一般要经过成长期、成熟期、饱和期和退化期。产品到退化期后竞争力逐渐下降，企业的收益也不断降低，因此，在制订产品设计开发计划的时候就必须认识到这一点，对产品的寿命进行预测，有计划地将产品撤出市场，同时将改良后的产品投入市场，降低产品退化对企业的影响。

4. 系列化产品的扩延

通常单个的产品取得良好的市场反应后，企业会将这一产品形成系列化，将市场对这一单个产品的好评引导向这一系列的产品，以争取更大的市场份额。产品设计开发计划要从市场经营、消费需求、企业内部资源利用等方面入手，将所有资源充分利用，争取效益的最大化。

4.2.3 产品设计开发计划的过程

产品设计开发计划是为了能够满足消费者需求的产品设计活动顺利地进行而进行的计划活动。产品的设计过程大致要经过确定设计目标、方案设计、方案优选、方案评估、产品投产、产品销售等阶段。为使整个设计过程得以顺利进行，必须建立一套组织管理体系来指导设计过程的运行。这个体系是由设计部门、技术部门、生产部门等构成的，在各个阶段对时间、经费等作出明确的规定。

通过和企业深入沟通，了解这个企业的理念和市场需求，进行市场定位、竞争产品、产品功能、使用方式、人机工程的分析判断，以确定产品策略方向，达成共识。同时做一些调查，了解一下现在已经有什么样的产品了，当确定基本的思路后，与设计师沟通，并说明这个产品的思路、受众及一些自己的想法，探讨实现的可行性。同时准备相关资料与企业进行沟通，主要从数据报告、功能性及可行性三方面下手，在探讨的同时指出功能或结构上的一些问题，并提出改善方案，深入探讨并尽可能考虑到每个实现的细节。如果在设计目标的确立上出现隐患，余下的其他工作也将会遇到诸多问题。

下面主要从以下三方面进行评估：数据报告、功能性、可行性。

每个产品初期都是感性的，但不能保证每个功能都能按原有思路进行实现，具体还需要和相关技术人员进行探讨、碰撞后形成最终的产品思路。

1）探索产品设计方案。产品设计方案需要设计师根据市场调研分析的结果，运用创意激发构想，设计出大量的方案。在确定产品设计的思路之后，通过“头脑风暴”的讨论，绘制出概念性草图，同时进行设计展开，并将设计思路图形化。然后通过可行性筛选、结构工程分析，对概念草图进行深化设计，完成传达给客户观看的草图。

2）对产品设计方案进行优选。从大量的方案中挑选出既符合企业的发展理念，又具有市场价值的方案进行深化。

3）对深化的设计方案进行评估。将深化后的方案进行各个方面（包括造型、材料、色彩、实现技术、人机关系等方面）的评估。通过评估，初步与客户达成概念上的共识。

4）产品投产试销。为降低产品大批量投入市场的风险，先生产小部分产品投入市场，试探市场的反应，同时进行调查，找出产品的问题，再进行精确的修改。

5）产品正式投产、销售。产品设计开发得到认可后，开始大批量的生产销售。这一阶段的工作重点转移到生产、销售、宣传和售后服务等部门。

产品是连接企业和消费者的桥梁，是两者互相传递信息的媒介。消费者通过使用企业的产品从而了解企业的文化；企业开发和改良产品设计又必须掌握消费者的需求。所以产品设计开发计划对于企业来说具有十分重要的意义，是企业一切活动的基础。

4.3 产品设计市场调研方法

成功的产品设计是需要经过市场验证的，并非凭空的想象能设计出来的，因此，设计师对市场的认知程度，将对产品价值和市场前景起着关键性作用。一件成功的设计，首先要从社会和市场的角度出发，秉承以人为本的设计理念，从市场调研开始。设计项目是在对市场同类产品认知基础上的方向性把握。广泛地来说，设计项目包括人们在日常生活中的各个环节，设计渗透到生活的每个细节当中。设计项目的确定需要对该设计方向的许多环节进行深刻而细致的研究、分析和预测。在设计项目确立之初，一定要经过市场的产品调查与分析，判断此设计项目是否具有广阔的市场发展前景和适合本企业发展的因素，以避免在实施过程中产生项目重复和雷同而导致资源浪费和对企业产生不良影响。设计调研主要分为产品调研、市场调研和社会调研。

4.3.1 产品调研

产品调研是指对市场上的现有产品进行调查和分析。产品的现状调研包括产品的消费群体、功能与结构、设计风格、造型与色彩、生产成本、包装设计、生产技术与工艺等方面。产品的调研还包括企业的经营理念、产品的生命周期、产品的更新换代原因及存在原因等内容。比如，如果想开发一款电子产品而进行的产品调研可以围绕电视机、空调机、摄像机、吸尘器、加湿器、手机、MP3、音响、DVD、电饭煲、电磁炉、微波炉、灯具、抽油烟机等产品进行调查与分析，从而确立设计项目（图4-4）。

图 4-4

4.3.2 市场调研

市场调研是指对产品的销售区域、产品与环境的关系方面进行的调查分析，主要从经济环境、社会文化环境、地域环境、政治环境及市场环境等方面着手调查（图4-5）。

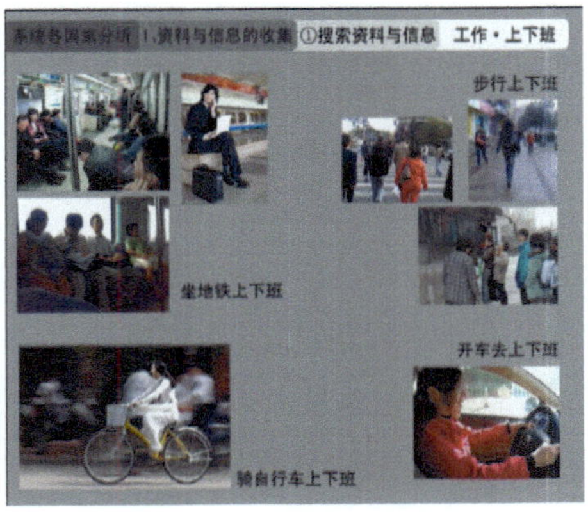

图 4-5

经济环境包括总体的国家经济大环境和当地的经济水平两个方面，如基本建设投资规模、能源与资源状况、市场物价水平与当地消费水平等。

地域环境是指自然状况、地理位置以及交通状况等存在的影响设计的外部因素。

社会文化环境是指消费者总体接受教育的程度、文化水平、社会文明程度、风俗习惯、宗教信仰、审美观念和流行元素等。

政治环境是指有关政策、法令和规章制度等。设计师在进行市场调研时就要充分地考虑国家政策对产品设计的影响，根据国家的相关政策来制订产品设计开发计划，使设计出来的产品符合政策规定。

市场环境是指与设计产品有关的产品价格、销售渠道、竞争情况和经营手段等。

4.3.3 社会调研

社会调研是指从社会因素方面进行调查和分析，例如中西方文化观念的不同，特定人群的消费观念和习惯的不同等。有针对性地对消费市场、消费者购买动机、消费者购买方式与习惯等进行调查，特别是要重视对特定的消费群体形成的消费习惯和消费方式的调查。

我国传统的节日和西方国家的传统节日，分别会带来不同的消费群体，不同的消费观念，比如，我国的中秋节、端午节、春节等，欧美国家的圣诞节、情人节、感恩节等。这些节日，同国内外的风俗、宗教文化都有内在的联系，也必然影响到对产品的各方面需求，这些都要求在设计项目的调研和确立时，作为消费方面的背景资料给予充分考虑。

4.3.4 调研的方法和方式

1. 资料收集

设计师在接受客户的设计委托后，确立设计项目，并开始设计前的准备工作，制订设计前期的调研计划。调研计划对市场的调研范围要有一个严格的把握，对调查目的、调查内容、调查地点、调查对象、调查时间、调查方法、调查工作的深入程度和调查人员的安排上都要作出明确的规定。这个过程包括调查访问、收集信息、归纳记录、资料分析和建立档案五个步骤。

（1）调查访问　调查的方法有很多种，如问卷调查、电话采访、面对面的直接访谈和网上调查等，实际调查过程中需要因地制宜，不同的产品设计应用合适的调查方法。调查的重点是对设计过程中遇到的困难进行阶段性的排除。在调查的过程中，需要了解消费者对产品和设计的要求与想法，聆听他们的宝贵意见，分析产品在市场中的价值，以及产品的市场前景，为下阶段分析、归纳、总结与设计提供真实有用的感性资料。

访问与调查的方法大致有三种：询问法、表格法、观察法。这三种方法各有优势与不足。

询问法可当面获得调查结果，当场获得有效的资料，并可以根据受访者回答问题时的态度、思想变化等作出判断，但需要在调查访问之前作好准备工作，列出清晰的访问提纲，避免提出的问题空洞，不切主题。

表格法比较容易实施，被调查者可以有足够的时间思考，从容地回答问题，取得的信息比较具有合理性，但是出题人需要全面考虑调查的内容，不能有大的漏洞，否则会让被调查的人无所适从。另外表格法需要及时地回收调查问卷，避免问卷的流失。

观察法可直观地取得想要的资料，可以身临其境地观察消费者在购买和使用过程中所体现出来的问题，是非常有效的方法之一，但需要花费大量的人力、物力。

（2）收集信息　一般来说，获得信息的方式有两种：一是调查访问所取得的信息；二是通过现有的书籍、网络资源等方面获得比较全面的信息。通过调查访问等方式取得信息需要动用大量的人力来进行归纳和分析才能够得到有用的信息，并且这些信息往往非常的零散，但是真实可靠。通过书籍、网络资源取得的现有信息是前人归纳总结出来的经验，全面而且具有一定的权威性，通常是一些技术类的信息。

（3）归纳记录　调查来的信息往往是以多种多样的方式呈现的，如表格式的、录音的、视频的、文字的，等等，这些信息需要经过归纳记录才能进入到下一步的分析阶段，才能成为有用的信息。

记录可分文字、速写、录音、录像等形式。记录要注意数字和关键词，像年、月、日、时、分、姓名、性别、年龄、人数、地点等。如果有特殊的要求，还可以通过测量得到一些相关的具体数据，来补充所需要的调研资料。记录要尽量详尽，注意细微之处。

（4）资料分析　其目的是通过对这些信息的分析，了解市场、产品、消费者以及生产工艺和技术等方面的情况，为设计、生产以及销售阶段的实施打下基础。分析过程切忌主观臆测，一切要以实际作为出发点，否则会将设计引入歧途。

（5）建立档案　一个产品的设计调研资料是非常繁多和庞杂的，信息分析结果也有很多的类别，在设计之初，很多的信息是不能马上应用上的，这需要将这些信息分门别类地收藏好，供使用者随时查询。

2. 调研报告

（1）调研报告的形式　在调研取得信息和分析完成后，需要书写调研报告，以书面的形式提交。调研报告的格式一般分为问题式、归纳式、效果式、列举式、片段式等几种形式。

1）问题式。问题式调研报告开篇就提出问题，利用所提出的问题引起阅读者的兴趣，是通过提出问题、分析问题和解决问题的过程来撰写的调研报告。其优点是能够很快地抓住阅读者的视线，引起阅读者的兴趣。

2）归纳式。归纳式的调研报告通过有条理地分析调研信息开始，一条一条地分析调研信息，得到准确的结论，进行归纳，是一种比较全面的调研报告书写方式。其特点是全面、有条理，能够严谨地说明问题，具有很强的说服力。

3）效果式。效果式调研报告直接进行结果论证，省略其他不必要的部分，目的在于解决问题，给阅读者以明确清晰、令人信服的结论。这是在所有人员的意见形成一致性的基础上所采用的一种调研报告书写方式。

4）列举式。列举式调研报告是不多见的形式，通过对利弊的列举，阅读者自己判断结论。列举式是在决策人员犹豫不决的情形下所使用的一种报告形式。

5）片段式。片段式调研报告是对所收集资料的某一方面进行分析、归纳整理而编写的一种报告方式，具有简短、直奔主题的优点。

（2）调研报告的书写流程　调研报告的目的是总结调研分析的结果，将自己归纳的结论以及自己的观点呈现给阅读者，需要有自己的见解，所以在语言上力求准确、犀利，内容上要求真实可靠，报告条例清晰，立场明确，切忌模棱两可，态度不坚决。

调研报告的内容可以包括摘要、主题、列举、论证、结论、资料说明等方面。

1）摘要。摘要是将调研报告的目的、拟解决的问题简明扼要地概述出来，引起阅读者的关注。

2）主题。主题陈述此次调研的目标，是本文的中心思想，应反映出“存在的问题”，以及“要解决的问题”，将目标提升一定的高度，立论要严谨。

3）列举。列举是为了证明主题而对所调研信息的列举，在列举过程中一定要具体问题具体分析，寻找最具有说服力的资料进行列举，不可罗列很多无关紧要的数据。所有数据必须真实，辨别数据的真伪十分关键，错误的资料会破坏整个报告，使报告变得没有说服力。

4）论证。论证可以通过推论、引证、分析、比较、归纳等方式进行。论证要严谨、有理有据，根据具体的问题选用不同的论证方法，灵活掌握。

5）结论。结论是调研报告的关键所在，要反映出报告的最终目的，例如市场现状、社会形势、同类产品的特点、项目运行的方法、时间的把握、角度的切入等调研的结果都要逐一写出来，以供设计师和决策者参考。

6）资料说明。在调研报告中要有资料说明，而且必须说明资料具体的来源、获得方式、引证出处等，这是调研报告文本的规范，要避免资料来源的模糊性，还要体现出调研报告写作的严谨性。如果是提交非直接主管或客户阅读，资料来源一定要注明来源和出处。必要时可以将原始资料附录，以备查阅。

4.4　产品设计创意方法

4.4.1　方案创造的原则

所谓创新的基本原则，即按照设计的客观规律归纳制订的、设计师必须依据和遵循的法则。现代创新的原则是在把握设计的客观规律基础上产生的，是对设计实践理论性的总结和升华，它来自于设计实践，指导设计实践的同时又接受设计实践的检验。它的科学性指导约束着设计师们的设计行为，使之能趋向合理、完善的境界。

1．功能性原则

功能性原则是指产品创新时应具有的目的与效用，以功能目的为设计创新的出发点。恩格斯说：“人们首先要吃、喝、住、穿，就是说首先必须劳动，然后才能争取统治，从事政治、宗教和哲学等。”这是历史唯物主义的一条基本原理。功能性原则是现代设计创新最基本的原则。从古罗马的“适用、坚固、美观”原则，到我国提倡的“适用、经济，在可能条件下注意美观”，都把“适用”放在第一位。如果从人类生存发展的角度讲，正如我国古代思想家墨子所说：“食必常饱，然后求美；衣必常暖，然后求丽；居必常安，然后求乐。”（《墨子佚文》）。这与美国人本主义心理学家马斯洛的需要层次论看法大体是一致的。他认为，人在生理需要和安全需要这些低级需要基本满足后，才会产生精神方面的高级需要，因此，物质需要是人最基本的需要。由于产品的功能可能是多重的或多层次的，因此在设计时，要创造性地进行选择。有时，一件设计产品主要功能可能是实用的物质功能，也可能是非实用的精神功能（图4-6）。

图　4-6

日本著名设计家大智浩和佐口七朗编著的《设计概论》中指出：“产品创新时，首先必须考虑的是产品是为了满足什么目的的。换句话说，是要求怎样的机能。”机能用于设计时，一般不只停留在物理的机能，而是作为心理的、社会的机能综合体而赋予更为复杂广泛的含义。

在设计创新中强调功能肯定是重要而必要的，当设计忽略了功能需要时，产品就失去了其存在的真正意义。在现代设计中，功能性一般都比较明确，目的性十分清楚，因而在设计中，对功能的考虑不可避免地被放在第一位上，成为创新首先要把握的原则（图4-7）。

2. 经济性原则

所谓经济性原则，不但是对成本的考虑，对消费者支付能力的预测，重要的是寻求在现有条件下，提高产品实用审美价值的方法。这是相互关联的两个方面。成本既关系到产品的价值，也关系到消费者的支付能力。而消费者的支付能力不但影响成本，而且影响产品实用审美整个质的要求。所以，一方面要考虑成本与消费者的支付能力，另一方面要考虑提高实用审美价值这方面可能的经济因素，这中间不但有市场观念和消费者观念的问题，还有一个引导消费，提高社会大众审美水平的问题。作为一个具有普遍意义

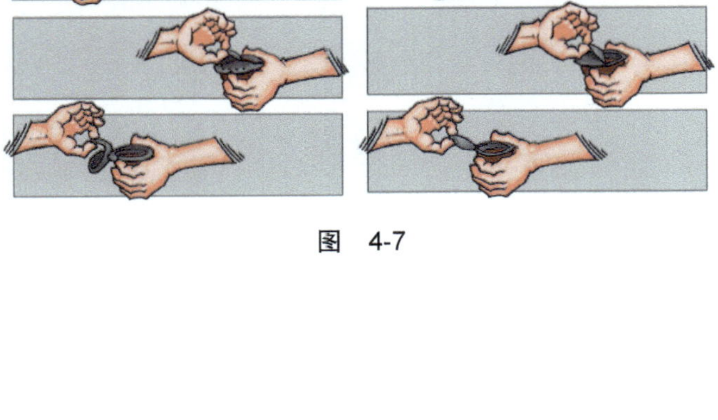

图　4-7

的原则，现代设计师在设计创新过程中必不可少地要考虑经济的问题，考虑原材料、运输、储藏、推销等生产成本，从而制订出恰当的市场价位，力求以最小的成本获得适用、优质、美观的设计，使其在市场上以合理的价位在与同类的其他品牌竞争中形成优势。

在把握经济性原则时，有一个选择着眼点的问题。现代设计首先应该关注的是社会大多数人的需求，许多驰名世界的超级品牌商品（如可口可乐等）的成功，其大众化经济性原则的把握不能不说是一个重要的因素。在现实生活中，产品价值的实现需要许多条件，其中，比较主要的是经济条件与精神条件。设计师在设计创新过程中必须度量这些条件，寻求实现设计市场价值的可行性。一定的消费水平既是生产力发展的产物，又反作用于生产力，反作用于设计对象。人们的消费对生产的发展起着两方面的积极作用。一方面，创新的设计产品为消费者带来了愉悦，使消费者在产品这一特定的实用审美对象中看到了自己的本质力量；另一方面，由于生产力的提高，人们的收入增多，购买力增强，产生了新的社会需求，从而推动设计师们去设计创新更好的产品。

设计师在创新思维下对经济性原则的把握必须要考虑不同国家、不同地区的社会生产力和消费水平，同时还要认真研究不同国家和地区的经济发展态势与消费趋势，才能制订出合乎实际的产品市场策略，从而为产品在市场上的创新开发铺平道路（图4-8）。

图 4-8

一个国家与地区的收入水平决定着消费者由观念需求转变为现实需求的能力，从而也推动人们审美观念的变化与发展。一般来说，收入水平的高低直接影响购买力的实现，收入的高低决定着消费水平的高低。收入高，消费水平高；收入低，消费水平低。需要指出的是，经济性原则的把握是动态式的，随着时代的发展而变化的，它所呈现的面貌是各不相同的，存在着受时代制约的相对性。

3. 艺术性原则

通过设计作品的外在形式唤起人们的审美感受，满足人们的审美需要，这种设计作品与人之间的互动关系称为审美功能。现代设计创新的艺术性原则是指设计师在设计时要考虑作品具有较好的审美功能和艺术品位，从而给受众以审美享受。设计作品与纯艺术品不同，它的审美功能是在物质功能基础上产生的一种精神功能与心理功能。艺术性原则要求人们在创新时从艺术的角度考虑消费者的审美接受度，通过创新的程序和方法构造合适的艺术形态，甚至引导消费者的审美取向。

设计师是“按照美的规律”来设计的，大众也势必按照美的规律对设计作品进行某种评价。任何设计作品，即使那些几乎没有陈列与观赏价值的工具或机械设备，都具有审美属性与审美功能，即都有一个美与不美的问题。不同的是，有的美，有的不美，有的甚至有些丑陋，让人难受。一般以物质功能为主的设计产品，它的审美功能已居于很次要的地位，而以审美功能为主的设计作品，其审美功能往往超过和掩盖了物质功能，居于十分显著的地位。

艺术性原则是设计师应该把握的，设计作品的美学标准必须首先考虑社会中有广泛性的共同美感，只有在尊重这种共同美感的前提下，才能设计出为社会大众喜爱的、具有艺术生命力的设计作品来（图4-9）。

图　4-9

4. 主体性原则

现代设计作为人类物质文化的审美创造活动，其根本目的是为了人，因此，设计活动从始至终都必须从主体的人出发，把人的物质与精神方面的需求放在第一要素的位置上来考虑。以人为设计目的作为一种设计创新的指导思想，实质上是设计师设计观的体现。现代设计活动要获得成功，设计师的作品要想被消费大众所认同，必须从主体的人出发，了解不同时期人的特点及其需要，了解人个性的独特性与多样性。深入地了解人性的方方面面，才能为设计的客观性与可行性打下牢固的基础。

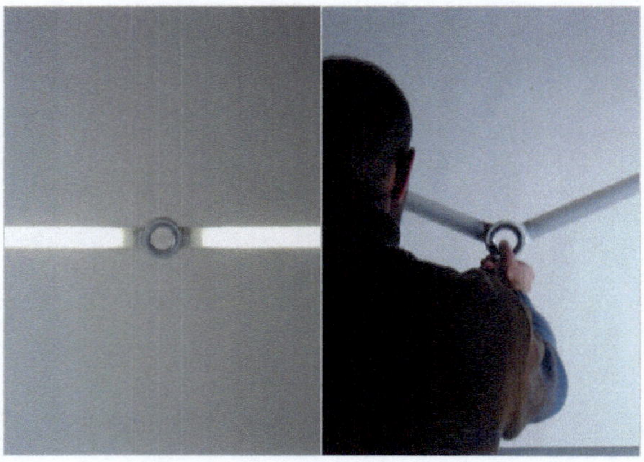

图 4-10

现代设计师应该关注与把握显现的与潜在的需求信息，并对它们进行合理、科学的推断和预测，使设计呈现出概念化的前瞻性特征，使设计活动具有预见性，避免主观臆断的盲目设计，真正实现“设计是为了人”的崇高理想与使命。无数实践表明，只有当设计作品真正满足了人类需求时，不管这种需要是物质层面的，还是精神层面的，或者是两者交融的，才能被人们认同，才会在市场上具有生命力。为了创造设计自身的价值，更好地满足当代消费者的需求，现代设计师必须研究当代消费者需求的新趋势。在当代兴起的消费浪潮中，消费行为的社会化、消费意识的变化以及人们对消费品提出的更高要求，使消费出现了新的趋势，需要设计师们认真地加以分析研究（图4-10）。

5. 创新性原则

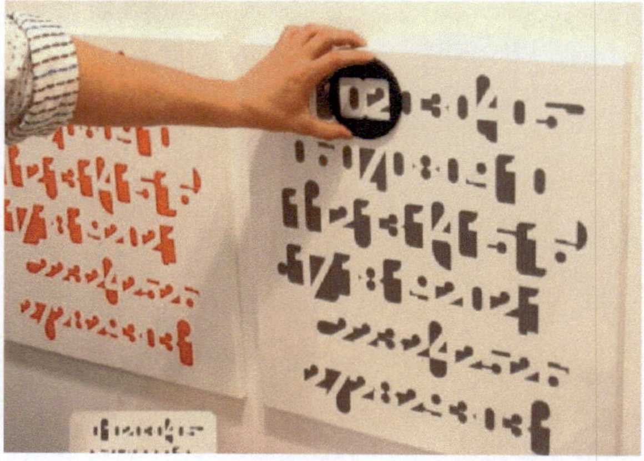

图 4-11

现代设计的创新性原则实质上就是个性化原则，是一个差别化设计策略的体现。个性化内涵与独创表现形式的和谐统一，显示出设计作品的个性与设计的独创性。现代设计的创新性原则有助于塑造鲜明的品牌，个性能让品牌从众多的竞争中脱颖而出，有利于消费者的识别与认同，因此，品牌个性是一个有价值的资产。现代设计的创新在创造和维护品牌个性上扮演着重要的角色，当品牌有鲜明动人的个性时，消费者便会期望拥有此品牌，并得到良好的心理体验。当期望实现后，良好的体验便会受到重视，从而留下美好的记忆。设计过程中，设计要着力突出的是商品的个性形象从创意造型到表现、形式等都要贯穿个性化的指导思想，才能设计塑造出不同一般、富有个性的独特形象，增强设计作品的吸引力与冲击力（图4-11）。

4.4.2 方案创造的注意事项

1. **设计与受众的信息交流**

设计作为一门信息传递艺术，它的主要任务在于有效地传递产品与服务的信息，树立良好的品牌形象与企业形象，刺激消费者的购买欲望，说服消费者按照目标购买，并从精神上给人以美的享受，最后达到推动经济发展的目的。现代设计作为一种信息源，就要对外传播与交流，设计作品作为信息载体，必将要与信息的最终信宿——消费者产生交流，这是当今社会生活中屡见不鲜的一种对话形式。这就要求设计师在设计创新时需要考虑到产品与消费者之间的这种对话，以保证产品投入市场之后可以获得较好的市场认同度，从而也在一定程度上促进设计的发展。

设计师根据市场竞争态势与消费者需求趋向等信息来确定设计作品的开发与传播，同样，消费者作为设计信息终端部位的信宿，是设计信息的接收者，在接收信息时必须经过解码过程。对于设计师而言，就需要在设计创新的过程中进行思考，来规划这一个解码的过程。这样，可以保证产品被购买之后能同购买者之间通过一种“自然而然”的解码过程来实现产品价值和客户需求的实现。所以对于设计师而言，在创新阶段时就应该注意到设计解码的过程，为产品在最终投放市场作好前期准备。

对于设计受众来说，信息的解码过程大体可分为注意、识码、分析、记忆、行动几个阶段。当设计作品引发他们关注时，才能产生审美注意，设计信息引起注意是信宿接收信息、解码过程的开始。当信宿解读相关信息后，也就获得了某种设计信息。信宿了解了产品的性能、特点，感受到它的造型、质量，联想到对提高自己生活品质的利益和好处，从而在心理上缩短了与产品的距离，萌生一种拥有的欲望。识码、分析是设计信息解码过程的主体，是信息的接收与处理。设计信息作用的实现就从这里开始，因此也是很重要的。记忆、行动是设计信宿解码过程的完成，于是，设计活动与设计对话就在这种双向信息交流中开始与终结。在设计的创新阶段，设计师可以针对不同产品进行相应有效的注意、识码、分析、记忆、行动的针对性预设计，从而为这个结果的实现提供前提。

2. **现代设计信息作用的多元化趋势**

随着新技术革命的步步深入，社会信息化程度将逐步加快，范围将进一步扩展，信息的作用将不断增强。在这种大趋势下，现代设计作为信息产业的组成部分，信息范围的扩大，作用的加强，已呈现出继续向多元化发展的趋势。现代设计信息多元化趋势有如下特点：

（1）设计信息发布的多功能性　由于现代设计已渗透到社会的各种领域，无所不包的设计信息覆盖了社会生活的方方面面，起着独特的并且十分广泛的作用。所以，在设计创新时需要考虑的设计影响因素众多，涉及范围广泛。

（2）同一设计信息的交叉功能性　设计信息的传播是一种十分复杂的多种信息组合形

式，为了适应现代人们对信息接收的心理，现代设计在创意过程中，在保证信息性清晰的前提下，都要融入审美信息和艺术信息，让人获得多种信息交融的感觉。

（3）设计信息的长期效用性　由于现代设计信息创意水平的提高，企业整体营销战略的加强，一般有远见卓识的企业传播的设计信息都具有长期效果，对受众起着举一反三的作用，并使其获得经济、艺术与审美的多种效应。而在创意上，这种长期的有效性就表现为对设计产品创意程度的应用。可以通过对效用性的研究，来分析特定产品在特定情况下的设计过程和实现方法。

4.4.3　方案创造的方法

1. 方案创造分析方法

（1）5W2H法　5W2H法是一种常用的调查设问方法，其设问要点包括：

What：明确基本性质，即是什么、做什么、条件是什么、目的是什么、重点是什么、规范是什么，等等。

When：明确时间的条件与限制，即何时开始、何时完成、何时最佳、何时最危险、何时联系、何时停止，等等。

Where：明确空间的条件与限制，即何地，如何地发生、何地安全、何地适宜、何地危险、何地最佳、何地需要，等等。

Who：明确对象因素，即什么人，如为谁决策、由谁执行、谁会赞成、谁会反对、对谁有利、对谁有害，等等。

Why：明确理由与前提，即何故、为什么，如为什么会这样而不会那样、为什么需要改变或不需要改变、为什么成功或不成功，等等。

How：明确方法因素，即如何、怎样，如怎样做最好、怎样做最不好、怎样提高、怎样改变、怎样上升、怎样下降、怎样发展、怎样取胜，等等。

How much：明确数量概念，即多少，如对成效、成本、优点、缺点、成功可能性、遗留问题的量化分析，等等。

5W2H法实际上是列举出构成一件事情的所有基本要素，从而对构成问题的主要方面进行分析，因此，是经常用来对方案、产品的可能性进行分析的方法。如一家连锁经营的零售集团需要在某闹市区开发新的网点，就需要从以下一些角度提出问题：开设一间连锁网点的挑战性是什么，何时开张最为适宜，开设于何处最佳，营销对象为何种人群，目标市场定位于何种层次，为什么其他企业没有作出类似选择，是否有其他不利原因，如何实施最为有利，各种营业目标、投入产出成本、员工定额、开支费用的计算等。有了这样的分析，新网点开张的计划就可以比较明确和有针对性了。

这一设问法比较适于目标定位阶段的构思，可以作为一种作出初步决定的基本思路，但对于一些具体的细节分析，还需要借助其他方法配合进行。

（2）类比法　类比法是通过对两种对象的比较，找出其接近点或相关点，然后将其中一个对象的某些特性、要素转移到另一对象中，从而得到新的构想或方案的方法。类比法包括以下几种方法：

1）直接类比法。直接类比法是在现实中直接找出与发明相似的东西，由此而得到启示并萌发新设想的方法。

2）因果类比法。因果类比法是根据两个事物共有的某些属性之间可能存在着同一种因果关系，因而以一种因果关系推导出另一事物因果关系的方法。

图　4-12

3）拟人类比法。拟人类比法是将对象人格化的方法，以自己"身临其境"的感受来激发、引导新思路。不仅医学上的人工器官（如人工肾、人工喉、人工关节等）需要拟人化的类比，而且各种工作机械（如钢丝钳与人的牙齿、起重机与人的臂膀等）同样可以用拟人类比法设计或改进其结构与工作性能（图4-12）。

4）综合类比法。综合类比法是从事物属性的多种因素和复杂关系中综合出它们的相似特性，从而得出新结论与思路的方法。由于综合类比法综合了多种因素和关系，并将这些因素和关系在两个对象之间推移、比较才得出结论，因而是类比法的最高层次，同时以这种方法得出新结论的可能性也最大。飞机设计中的"风洞试验"和水利工程设计中的模型模拟都属于非常复杂的综合类比，从中得出的设计数据参考价值也最高。

图　4-13

5）幻想类比法。有时人们也用神话、童话的思路来引导技术的创造与发明，这种方法称为幻想类比法。如神话中的咒语与现代声控技术、点石成金的幻想与现代触摸传感技术、传说中的千里眼与现代远程图文传播技术、想象中的夜视与现代红外线夜视技术等，都存在着某种类比关系（图4-13）。

6）仿生类比法。仿生类比法是仿照生物特性而进行的设计和创造的方法。造型仿生已经涌现出大量的成功创造，如著名的流线型技术就是造型仿生技术的结晶；另外，还有结构的仿生，如模仿海豚皮肤研制的水下舰艇外壳可以有效地减少水下阻力，模仿蜻蜓的"翅痣"在飞机机翼上设计一个高强度区，有效地克服飞行中的振颤现象；特殊性能的仿生包括蝙蝠的超声波与雷达等。仿生类比法实际上是一种直接类比法的特例，从对象的某一方面特征中进行直接的类比，从而获得某种发明与创造的思路。

从以上例子中可以知道，类比法是一种相当富于创造性的思考方法，它可以在已知具有可类比性的两者之间进行比较，也可以在风马牛不相及的两种对象间进行比较，从而发现其共同点获得启发，它既可以借助已有的知识，又不受这些知识的束缚，可以在较大范围内使用，所以深受设计者、发明者的重视（图4-14）。

图 4-14

（3）组合法　组合法就是将对象的各个部分、方面、要素或若干个对象结合在一起进行重新设计、发明、创造的方法。被组合的元素，可以是技术性的部件，可以是科学的原理、思维的方法、管理的程序，也可以是各种发明专利、综合技术等。从人类技术发展史的历程来看，技术的多项化、综合化是大势所趋。美国“阿波罗号”飞船的设计者曾经声称：在美国载人飞船中没有一项技术是专门发明的，所有的技术都是已有技术的综合运用，这可以说是现代科技史上的一项壮举。事实上，现代工业产品发展的途径正是功能组合化、结构弹性化、体积小型化、造型多样化、部件标准化、生产批量化等。而在仿照和创新方面特别富于成就的日本发明界中也声称，已知原理的重新组合是发明的另一条重要途径。可见，由组合而求发展、由综合而求创新已经成为当代技术进步的重要模式。根据唯物辩证法的原理可知，事物间可以对立统一的前提是万事万物之间的相互关联性，对于技术组合来说，事物间可以对立统一的前提是各组合局部之间存在着内在联系与合理性，所以，技术组合绝对不应当是无目的的、随意的、违反规律的拼凑和堆砌。

组合法的种类包括：

1）功能组合法。功能组合法是以功能为元素的创造组合，如摄放像一体机是摄像与播放录像功能的组合体。

2）产品组合法。产品组合法是将有联系或可以联系的产品组合起来的一种新产品设计法，如手表与日历、体育计时，甚至指北针等几种产品形式组合，成为一种综合型计时器等。

3）技术组合法。技术组合法是把两种或两种以上不同技术或技术原理组合起来，形成新技术产品的方法，如超声波技术与切削技术的组合形成超声波切削技术，喷气推进原理与燃气轮机组合起来形成喷气式发动机等。

4）信息组合法。信息组合法也称信息交合法，是把某些看起来相互间没有联系的信息进行排比、分析及组合，从而产生新创造及新设计思路的方法。如日本的技术开发人员发现一种多孔橡胶合成树脂，因为材料中含一个个互不相通的小孔，不会吸水而且隔声隔热，所以这种材料不仅弹性大，而且不怕酸碱，经久耐用，经过反复分析这些材料特性信息，最终确定可以作为新式拖鞋的鞋底，从而找到一种新产品开发最为关键的材料。

（4）分析法　分析法与列举法有共同之处，是防止思维盲点、提高思维逻辑严密性的有效方法；不同之处是分析法更侧重于全面分析构成事物对象的各种因素，对其进行解剖分析，并且注重运用系统工程的方法，加强分析运作的逻辑性、整体性，从而提高工作方法的科学性。

分析法一般包括：

1）特性分析法。特性分析法对对象的各种特性进行无遗漏的全面分析，逐个地加以研究、改进。

2）形态分析法。形态分析法把所研究的对象看成一个系统，把该系统分解成若干个在结构上或功能上特有的部分，并加以重新排列与组合，以产生新的观念。所以也有人认为，形态分析法实际是一种观念与观念结合、要素与要素结合，从而形成新观念的创造技法。

形态分析法非常注意分析方法的科学性，一般是根据所研究对象的形态特征、数量建立不同的形态分析模式，如经常使用的形态箱模式。美国科研人员研究新的载人工具时，曾经建立了一个以三项主要形态特征为思维因素的“形态箱”，即以方式变量、动力变量、状态变量为三维轴上的三种形态特征，每种形态特征各提出可能的方案。方式变量为管子、空气、水、传送带、坚硬表面、缆索、滚子、轨道共8项；动力变量为原子、重力、弹簧、蒸汽、电动机、汽油发动机、磁场、压缩空气共8项；状态变量为床、吊起、椅子、站立、下悬共5项。根据这一形态箱得出的结论是：围绕新的载人工具这一目的，这三组方案总共形成的解决方案可达320项新组合，即320种新方案。其中有些方案是现实中人们已经熟知的工具，如“蒸汽、轨道、椅子”三项因素的组合就是在轨道上行驶，以蒸汽为动力，乘客可以坐着椅子前行的交通工具，那就是火车；而换一种组合，让“磁场、管子、床”组合就是一种完全不为人知的方式，由此可以设想出全新的交通运载方法。由此可知，形态分析法对于开拓思路具有明显的激发作用，是一种重要的创造技法。另外，分析法中还有价值分析法等。

形态分析法的通常步骤如下：

1）明确用此技法所要解决的问题（发明、设计）。

2）将要解决的问题，按重要功能等基本组成部分列出有关的独立因素。

3）详细列出各独立因素所含的要素。

4）将各要素排列组合成创造性设想。

（5）联想法　联想法是根据事物之间的某种关联而展开思考的设计方法。联想法也有各种方法，如焦点式联想法和目录式联想法等。

焦点式联想法固定所要解决的问题，通过发散思维和侧向思维寻找解决问题的方法，要求将所有思考的焦点都集中于一个要解决的问题，紧紧围绕这一思考中心进行，所以称为焦点式联想法。焦点式联想法可以通过这样的方式进行：选定焦点，确定所要解决的问题；选择三四个偶然对象；排列每一个偶然对象的特性明细表，把偶然对象的特征与焦点对象进行联合，形成新的思路，通过自由联想发展这些新思路、新观念，得出新的设计方案；评价新的方案，精选可行的、有益的解决方案，确定最后的解决方案。

目录式联想法是利用现有的产品目录、专利目录、图书目录、电话号码本、企业目录、报刊目录等进行联想的方法。当一时无法展开新思路时，利用这种目录法可以获得出其不意的效果。具体的方法非常简单，当需要解决问题的思路处于停滞状态时，可以打开一些有关或无关的资料，漫不经心地浏览，或任意挑选一些目次、概念，进行相互间的结合，有时就会从中获得新的设想。日本发明家丰田佐吉发明的蒸汽驱动织布机就是借助于专利说明书制成的。目录式联想法也需要自己有意识地作些准备，以方便在需要时进行参照，如有丰富照片和图像的资料、有种种信息的目录帧面、知识类期刊等，如果是自己有意识积累的卡片，则会更有效。

2. 方案创造集体思考方法

（1）头脑风暴法　头脑风暴法属于智力激励法，即以特殊的形式激励群体中所有参与思考、发明、设计、创造的成员都能最大限度地激活创造性智力，从而在较短的时间内收到明显的创造成效。

头脑风暴法简称为“BS”（Brain Storm）法，是美国人A. F. 奥斯本首创的，原意有精神病人胡思乱想的意思。奥斯本借用这一概念将其转化为思想自由奔放，打破常规地思考问题。其还将这一方法应用在自己的广告设计中，他曾在布法罗大学传授此法，到20世纪50年代又著书立说，进一步完善此法。经过C. W. 泰勒、S. J. 帕内斯和W. J. 戈登等人的完善和发展，头脑风暴法成为一种普遍应用的方法。进入20世纪50年代中期，美国的许多大学相继开设该课程，还在社会上产生了专门从事此法应用和培训的机构，形成一个完美的创造力开发热潮。头脑风暴法随后传播到了日本、欧洲等地，广泛应用于众多领域。头脑风暴法的首创者奥斯本认为，只要规则应用得当，头脑风暴会议几乎可以解决一切问题。尽管奥斯本的说法或许有些夸大其词，但是头脑风暴法正如其他智力激励法一样，以群体思维的方式激起参与者思维共振，实现知识互补，充分发挥特定组织形式下参与者的创造力，可以在短时间内产生大量有实用价值的设想。

头脑风暴法的实施一般分为以下几个阶段：

1）准备。由主持人确定议题（每次集中讨论一个重大问题为宜）。参加者以6～15人为宜，提前通知参与人员作好发言准备。

2）进入角色。与会者到会之后，组织者应尽量造成一种和谐、轻松的气氛，以使与会者进入角色，形式不限。

3）明确议题。会议开始，由主持人扼要说明议题，但介绍不宜过细，以免束缚与会者思路。为了让与会者真正了解讨论主题，每个人都可以用不同形式复述议题，形式越多越好。重新表述后的议题可以放大，贴在会场醒目处。

4）相互激励。当与会者已充分了解议题及注意事项之后，可以进入激励发言阶段。这时应注意的是几条重要的基本原则：自由思考的原则；人人平等的原则；禁止评判的原则；谋求数量的原则；互激优先的原则；综合改善的原则；发言公开的原则。发言的中心是解决本问题的中心构想，一次发言只说明一个构想。一个人的发言完成，其他人在此构想上有了新的想法，应优先让其发言。会议应为每个人都准备一些纸笔，以随时记录新的设想。会议进行的关键是要保持热烈流畅的气氛，如果一时出现冷场，主持人可以再讲出一个事先准备的设想，以引起与会者的下一步思考。会议的时间一般应在30~60分钟之内，以便有充分的时间让与会者发言，又不致过于疲劳。

5）会后整理。会议结束后的3~5天内，挑选若干位较高层次的技术人员、策划人员对会议方案进行整理，整理之前可再向与会者征求补充意见，与会者也可自己主动补充。加工整理的主要工作是分类、归纳，若有可能，对不够完善的方案实行若干个方案的结合。

6）提交方案。将筛选、加工出来的方案整理、列表、制图，形成一个较完整的方案，送交决策机构审批。

（2）635法　635法也称为默写式智力激励法，是德国学者鲁尔巴赫根据本民族善于沉思的特点而制订的方法，也是在奥斯本头脑风暴法的基础上改进后形成的。该方法的要点是参与者参照别人所提供的设想，以笔写的方式提出自己的意见，相互间不断轮回激励，从而达到激发想象力的目的。

在进行操作前，要准备18张空白的表格，每格的大小大体上以足够填写一个构想为宜，并顺序编号。会议一般组织6人参加。主持人（是6人之一）首先向与会者说明议题，然后开始填写表格。与会者事先已经得到有关议题的通知有所准备，主持人要求每人在5分钟内写下3条解决问题的构想。完成后，按时针方向将表格传交。每人的表格转给下一位的同时，自己手中也有了一份写着别人构想的新表格。然后在5分钟内写下3条不同于原先构想的新意见，再以此类推4次，直到每张表格的18个格都填满，这样6张纸一共完成了108个构想。

635法的优点是既可以充分获得从别人的思路中激发出来的新思维，又可以避免一些人们不善于当众发言的心理障碍，对于不善谈吐的人是一种可以使用的好方法。在使用635法时，要求填写者字迹清楚，语句简练，每条设想只填在一个格内，填写时不署名，并且不得重复自己或别人已经填写过的想法。填写时间可以适当灵活，可以是5分钟一次轮回，也可以先紧后松，即先用2～3分钟，然后用7～8分钟，以有适当的时间考虑和组织思路为宜。

（3）缺点列举法　缺点列举法分析是通过会议的形式收集新观点、新方案、新成果，从而分析设计、事物、事件、政策等的方法。这种方法的特点是从列举事物的缺点入手，找出现有事物的缺点和不足之处，然后再探讨解决问题的方法和措施。这种分析方法一般分为以下两个阶段：

1）列举缺点阶段。列举缺点阶段，即召开专家会议，启发大家找出分析对象的缺点。如探讨技术政策的改进问题，会议主持者应就以下几个问题启发大家：现行政策有哪些不完善之处？在哪些方面不利于科学技术进步和科技转化为生产力？科技人员积极性不高与现行技术政策有关吗？等等。寻找事物的缺点是很重要的一步，缺点找到了，就等于在该问题的道路上走了一半，这就是缺点列举法的第一阶段。

2）探讨改进政策方案阶段。在这一阶段，会议主持者应启发大家思考存在上述缺点的原因，然后根据原因找到解决办法。会议结束后，应按照“缺点”、“原因”、“解决办法”和“新方案”等项列成简明的表格，以供下次会议或撰写政策分析报告用，也可从中选择最佳的政策方案。

用缺点列举法进行创造发明的具体做法是：召开一次缺点列举会，会议由5~10人参加，会前先由主管部门针对某项事务，选举一个需要改革的主题，在会上发动与会者围绕这一主题尽量列举各种缺点，越多越好，另请人将提出的缺点逐一编号，记在一张张小卡片上，然后从中挑选出主要的缺点，并围绕这些缺点制订出切实可行的革新方案。一次会议的时间大约在一两小时之内，会议讨论的主题宜小不宜大，即使是大的主题，也要分成若干小题，分次解决，这样，原有的缺点就不致被遗漏。

（4）希望点列举法　希望点列举法是由Nebraska大学的克劳福特（Robert Crawford）发明的，这是一种不断地提出“希望”、“怎么样才会更好”等的理想和愿望，进而探求解决问题和改善对策的技法。此法是通过提出对该问题和事物的希望或理想，使问题和事物的本来目的聚合成焦点来加以考虑的技法。希望人人皆有，“希望点”就是指创造性强且又科学、可行的希望；列举法是指通过列举希望新事物具有的属性，以寻找新发明目标的一种创造方法。

希望点列举法的实施主要有以下三个步骤：

1）激发和收集人们的希望。

2）仔细研究人们的希望，以形成“希望点”。

3）以“希望点”为依据，创造新产品，以满足人们的希望。

用希望点列举法进行创造发明的具体做法是：召开希望点列举会议，每次可有5~10人参加。开会前由会议主持人选择一件需要革新的事情或者事物作为主题，随后发动与会者围绕这一主题列举出各种改革的希望点。为了激发与会者产生更多的改革希望，可将各人提出的希望用小卡片写出，公布在小黑板上，并在与会者之间传阅，这样可以在与会者中产生连锁反应。会议一般举行1~2小时，产生50~100个希望点，即可结束。会后再将提出的各种希望进行整理，从中选出目前可能实现的若干项进行研究，制订出具体的革新方案。

例如，有一家制笔公司用希望点列举法产生出一批改革钢笔的希望：希望钢笔出水顺利；希望绝对不漏水；希望一支笔可以写出两种以上的颜色；希望不会玷污纸面；希望书写流利；希望能粗能细；希望小型化；希望笔尖不会开裂；希望不用吸墨水；希望省去笔套；希望落地时不损坏笔尖等。这家制笔公司从中选出“希望省去笔套”这一条，研制出一种像圆珠笔一样可以伸缩的钢笔，从而省去了笔套。

希望点列举法的注意事项如下：

1）由列举希望点获得的发明目标与人们的需要相符，更能适应市场。

2）希望是由想象而产生的，思维的主动性强，自由度大，所以，列举希望点所得到的发明目标含有较多的创造成分。

3）列举希望时一定要注意打破定式。

4）对于希望点列举法用得到的一些“荒唐”意见，应用创造学的观点进行评价，不要轻易放弃。

（5）KJ法　KJ法是将集体讨论或个人调查收集的信息和设想借助于卡片组合整理在一起，从而发现信息或设想间的逻辑关系，并形成新的规律性认识或构想方案的方法。KJ法的发明人是日本地理学家川喜田二郎。他在工作中受美国耶鲁大学“跨学科卡片分类系统”的启发而发明了本方法，这种方法的特征是把乍看并不一定有什么相关的信息组合起来，有时就能获得意外的新认识或构想。有人认为这种方法其实早已被科学研究工作者使用，门捷列夫在发现元素周期时用写有各种元素名字的卡片根据相对原子质量和元素的相似性进行排列，从而发现元素之间存在着周期性的关系。

典型KJ法的工作顺序是：主持人准备好黑板、纸笔和卡片；会议开始后，与会者每人发表看法、构想和信息，当获得30~50条信息后，依次写在黑板上；然后将这些信息逐条写在卡片上，每条信息缩写成2~3行，每人写一套，这些卡片称为基础卡片；与会者按自己的思路把自己的卡片分组，将有共性的卡片放在一起，依该组卡片共性内容的联系，给该组卡片命一个适合的标题，并将这组卡片标题也写到一张空白卡片上，这就是“小组标题卡片”，然后将其放到指定位置；不能与其他卡片归类的，每张自成一组，也放到一定位置；然后将小组并成中组，方法是将每张小组标题卡片和自成一组的单张卡片集中放在一起，让与会者共同讨论，将内容相似的小组标题卡片放在一起，再命一个适当标题，写在空白卡片上，称为“中组标题卡片”，不能归类就自成一组；再将中组标题卡片和未归类的卡片放在一起共同讨论，进一步归到大组并写出大组标题卡片，不能归类的仍然单独摆放；最后构成全图，将所有基础卡片按隶属关系归类放到指定的位置，并全部贴在一张准备好的大纸上，用大、中、小三类线框将隶属关系表示清楚，这便形成一张信息联系归属图；同时按图的结构形式，用文字记录下来，这就是新的构想和认识；如果最后分组后各组联系没有特别的新意，可修订分类重新组合，必将产生新的创意。

（6）7×7法　KJ法中容易出现的一个弊病就是卡片过多，卡片的整理复杂、费时，为了克服这一缺点，有的智力激励法用限定卡片数量的方法减少工作量，但这样又可能造成智力激励不充分。7×7法规定卡片数量不限，全部卡片最终分成7类，再从各类中选择7张进行归纳整理，这样既充分容纳了大量的设想，又在大量淘汰卡片后明确了最有价值的主要设想，然后整理成形。

其具体操作方法是：

1）征集设想。用BS法尽量征集针对某一议题的意见卡片。

2）卡片分类。对征集来的卡片分成7类，标上类名，按序排放。

3） 排定顺序。在每一组中，根据内容的重要性、完善程度与价值性排定顺序，并按从高到低的顺序只取前7张，其余撤去。

4）整理卡片。用KJ法整理卡片，形成完整的解决方案。

这一方法的最大优点是征集面广，而又能抓住有价值的核心内容，但由于分析与排序中主观成分较大，因此可能造成一定偏向，需在操作中尽可能注意并加以避免。

4.4.4 产品设计方案优选方法

1. 设计优选的目的

设计优选的主要目的是决定是否应当在产品创新技术方面投入人力和物力，将产品的设计方案深化，从而形成真实的产品投入市场。在进行产品优选时，评价者只针对一些产品的预想方案进行评估，因为产品的开发需要大量的资金，所以在优选时要十分谨慎，每一次的决定可能会对企业产生巨大的影响。优选过程会在设计过程中反复地出现几次，设计师要先对所有的设想进行优选，然后再将优选的方案提交评价人员进行优选，这其中会经过几次的优选，最终确定优选产品并深入下去（图4-15、图4-16）。

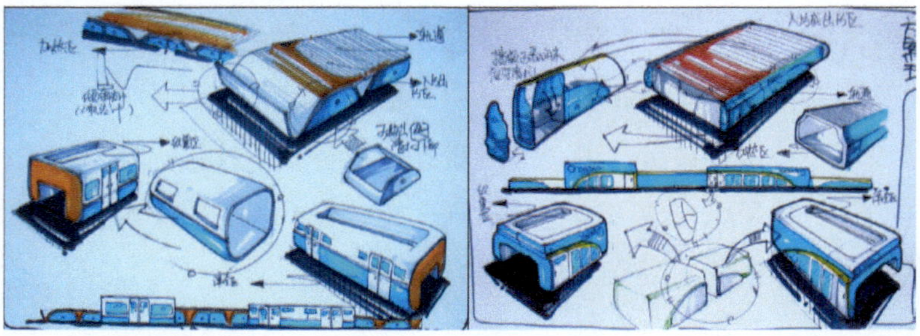

图 4-15

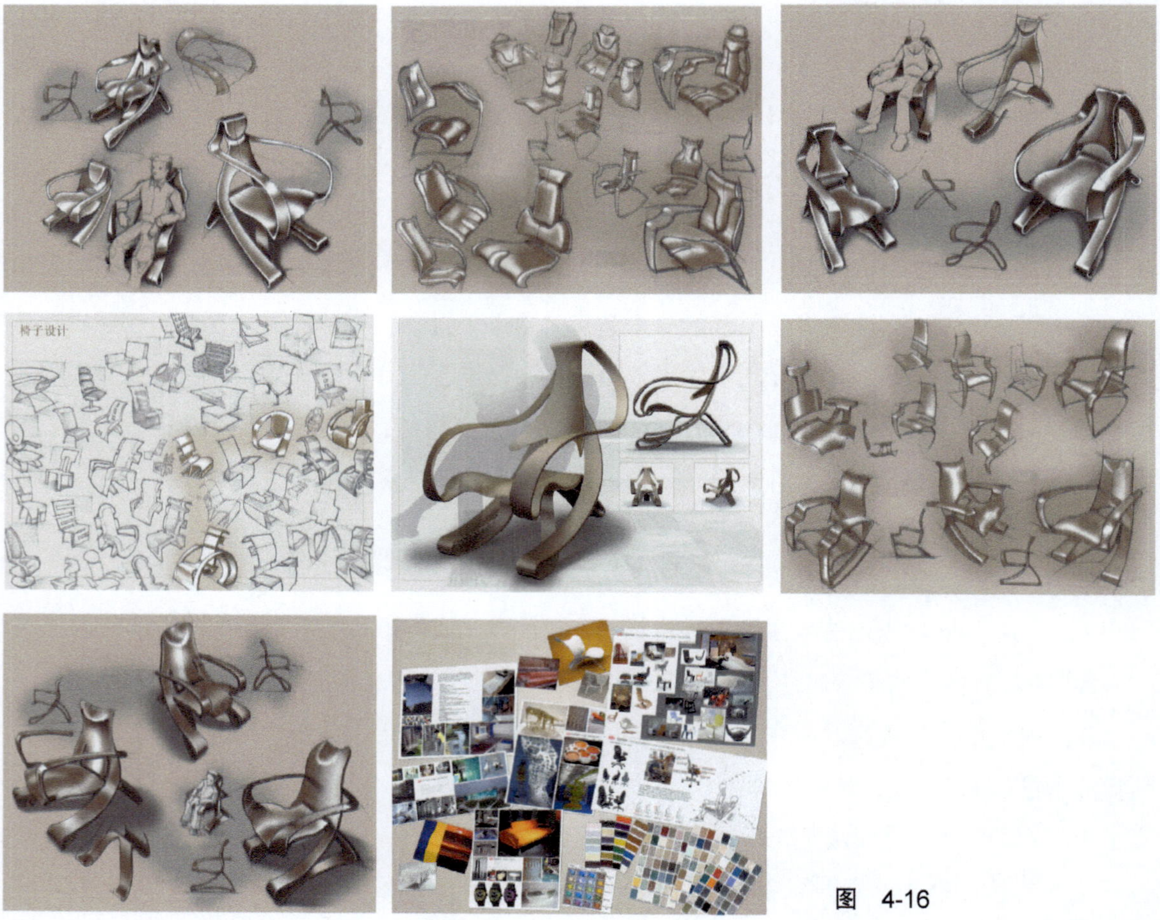

图 4-16

2. 设计优选的工作程序

产品设计的优选首先需要确定参与评价的人员，评价小组的人员通常会涉及设计、技术、生产销售等各个部门的主管和专家，一般情况下，企业的高层管理人员是不参加这样的评选的，从而为评价人员提供一个开放、轻松的环境。在人员的选择上，不但要考虑人员的工作性质，还要考虑评价人员的性格特点、人生阅历等方面的内容，这些都会对产品设计的评价产生影响。

评价人员确定之后，需要开发制订一个评价人员共同应用的评分系统，评价人员根据评分系统进行评分。评分系统的确定也会对评价结果产生影响，所以，评分系统的设计需要根据企业的具体情况而设定，还必须制订一个评分标准，评价人员按照这个评价标准进行评分，以减少因统计而形成的误差。评分系统要根据市场环境的变化及时进行调整。

4.5 产品设计评价的方法

4.5.1 产品设计评价

1. 设计评价定义

设计评价在设计过程中占有十分重要的地位，准确的设计评价能保证产品设计按照计划顺利地进行。设计评价贯穿于设计过程当中，可分为阶段性评价和最终评价两种。阶段性评价是对各设计阶段取得的成果作出评价，以保证设计按照原定的计划进行；最终评价是对设计部门取得的最后设计成果的评价，以确定是否转入试产、量产和商品化阶段。

所谓设计评价，是指在设计过程中，对解决设计问题的方案进行比较、评定，由此确定各方案的价值，判断其优劣，以便筛选出最佳设计方案。在这里，“方案”的意义是广泛的，可以有多种形式，如原理方案、概念方案、结构方案、造型方案等，从其载体上看，可以是零部件或总成图样，也可以是模型、样机、产品等。一般来说，评价中所指的“方案”，其实质是指对设计中所遇问题的解答。不论其是文体的形态（如样机、产品、模型），还是构想的形态，这些方案都可以作为评价的对象。

设计评价一般以会议讨论的形式进行，与会前要将评价的标准、评分系统告知与会者，不同产品的评价内容会有不同，不同设计阶段的评价重点也不同。在评价过程中需要各个部门的人员进行配合，例如在设计准备阶段，因涉及经营方向及市场，有经营主管及营销人员参与；在设计具体化、实体化阶段，有技术和生产部门的人员参与；而设计人员必须参与全部的评价过程。

设计评价的主体可分为消费者、生产经营者、设计师和主管部门。

1）消费者的评价依据。多考虑成本、价格、使用性、安全性、可靠性、审美性等方面。

2）生产经营者的评价依据。多考虑成本、利润、可行性、加工性、生产周期等方面。

3）设计师的评价依据。从社会效果、对环境的影响、宜人性、使用性、时代性等综合因素加以评价。

4）主管部门的评价依据。在标准和范围上接近于设计师的评价依据，但更偏重于方案的先进性和社会性。

2. 设计评价类型

从评价依据性质区分，设计评价类型可分为定性评价和定量评价两种。

1）定性评价是指对非计量性的评价项目，如审美性、舒适性、创造性等进行的评价。

2）定量评价是指对可计量的评价项目，如成本、技术性能（可用参数表示）等进行的评价。

从评价的过程分，可分为理性的评价和直觉的评价两种。理性的评价以理性判断为主，如判断方案的价格或成本；直觉的评价以直觉或感性的判断为主，如判断方案色彩的问题。在设计过程中往往需要交互式的评价，即同时运用理性和直觉两种评价方法。使用者对产品的最高需求是产品能够满足完美的机能要求，由此可见，产品必须是使用性和视觉性的统一。具体来说，它应包括产品工学、美学、心理、生理、经济等方面的评价。

1）工学评价依据。

①零部件的组合。

②满足功能性要求。

2）美学评价依据。

①合乎美学的规律性和可接受性。

②风格的塑造，包括技术因素、环境因素和社会因素等。

3）心理评价依据。包括文化背景、时代性和法规等。

3. 设计评价目标

设计评价目标是针对设计目的而确定的，用于确定评价范畴的项目。一般来说，工业设计的评价目标大致包括以下几个方面的内容：

（1）技术评价目标　如技术上的可行性与先进性、工作性指标、可靠性、安全性、宜人性、使用维护性、实用性等。

（2）经济性评价目标　如成本、利润、投资、投资回收期、竞争潜力、市场前景等。

（3）社会性评价目标　如社会效益、对技术进步与生产力发展的推动、环保性、资源利用、对人们生活方式与身心健康的影响等。

（4）审美性评价目标　如造型、风格、形态、色彩、时代性、创造性、传达性、审美价值、心理效应等。

4.5.2　产品设计方案的评价方法

1. 模糊综合评价法

1965年著名的美国工程控制和系统论专家、加利福尼亚大学教授L. A. Zadeh发表了著名的论文《模糊集合》，给出了模糊性现象的定量描述和分析运算的方法，标志着模糊数学这门新学科的诞生。模糊综合评价法是对受多个因素影响的事物做出全面的、有效的一种综合评价方法。它突破了精确数学的逻辑和语言，强调了影响事物因素中的模糊性，较为深刻地刻画了事物的客观属性。应用模糊评价法首先要确定评价参数，不同参数在评价中所起的作用也不相同，需要分别确定各参数的权重因子大小。随后要根据不同参数的特点给出拟合隶属函数，结合评价标准，经模糊变换给出隶属度值，完成模糊综合评价。

对于有着复杂特性的评价对象，评价者往往很难或无法直接给出所评价对象的量化结果，而模糊综合评价法以自然语言方式表达了信息的本质，并以数值计算方式处理了评价信息，从而为定性信息和定量信息提供了一种统一的表达与处理模式。由于模糊综合评价法具有坚实的数学基础和良好结构的概念和技术系统，因而应用广泛。目前模糊综合评价法的研究主要集中于对定性客观问题的量化评价和评价方法本身理论的完善。

产品方案设计过程的设计信息具有很大程度的不确定性，对不确定信息的处理是方案设计阶段方案评价的关键。在进行产品方案设计的方案评价时，由于评价指标较多，它们在设计阶段的产品设计评价体系的构建及应用往往很难用定量分析来完成，只能用“很好”、“好”、“一般”、“差”、“很差”等模糊方案来评价。模糊集合对主观不确定性进行建模，将评价中的模糊信息数值化，进而进行定量评价。模糊集合已经被许多研究者用来表达决策过程中的不确定性。产品方案设计方案评价的特点以及模糊集合理论对不确定信息的处理能力，使模糊集合在方案设计的方案评价和决策中得到了越来越广泛的应用，但使用模糊评价方法将定性指标量化的过程仍不可避免决策者主观判断的影响，降低了评价结果的客观性。

2. 层次分析法

层次分析法是美国著名运筹学家T. L. Saaty在20世纪70年代中期创立的一种多目标评价和决策方法，其本质是试图使人的思维条理化、层次化。它将人的思维过程层次化、数量化，并用数学方法为分析、决策、预报或控制提供定量的依据。这种方法的特点是在对复杂决策问题的本质、影响因素及其内在关系等进行深入分析的基础上，利用较少的定量信息使决策的思维过程数学化，从而为多目标、多准则或无结构特性的复杂决策问题提供简便的决策方法，尤其适合于对决策结果难于直接准确计量的场合。

层次分析法的基本思想是先按问题要求建立一个描述系统功能或特征的内部独立的递阶层次结构，通过两两比较因素（或目标、准则、方案）的相对重要性，构造上层某要素对下层相关元素的权重判断矩阵，以给出相关元素对某要素的相对重要序列。此评价法的核心问题是排序问题，包括递阶层次结构原理、标度原理和排序原理。它也是一种多层次权重解析方法，是通过分析复杂系统所包含的因素及其相关关系，将问题分解为不同的要素，并将这些要素归并为不同的层次，从而形成一个多层次的分析结构模型。层次分析所需的数据量少，能够克服一般评价方法要求样本点多、数据量大的特点，从而使系统因素间的量化分析成为可能。

3. 价值工程法

价值工程是以提高产品或作业价值为目的，通过有组织的创造性工作，寻求用最低的寿命周期，成为可靠地实现使用者所需功能的一种管理技术。价值工程就是通过集体智慧和有组织的活动对产品或服务进行功能分析，使目标以最低的生命周期总成本，可靠地实现产品或服务的必要功能。价值工程主要思想是以提高产品实用价值为目的，以功能分析为核心，以开发集体智力资源为基础，以科学分析方法为工具，用最低的成本云实现必要的功能，提高其价

值。价值工程中，功能与成本的关系可以用以下公式表示，即

$$V=F/C$$

式中，V为价值；F为功能；C为生命周期成本。

价值工程法要求有充分的实际数据作为依据，可靠性强，可比性好。虽然国内外研究者也尝试将价值工程应用于机械产品的方案设计过程，但由于方案设计阶段得到的只是产品的初步设计方案，不确定因素很多，方案的成本很难量化，使得价值工程法在机械产品方案设计阶段的评价中应用困难较大。

采用价值工程法评价设计方案，其实质是进行功能评价。所谓功能评价，是以功能评价为对象，以金额为评价尺度，找出实现某一必要功能的最低成本，即功能评价值。产品的方案评价可以按它的各项功能求出综合功能评价值，以便从多种方案中合理选择最佳方案。

4. 灰色系统评价法

灰色系统评价法中的灰色系统是指部分信息已知、部分信息未知或非确知的系统。它是白色和黑色之间的系统。严格来说，自然界中灰色系统是绝对的，而白色系统和黑色系统是相对的。灰色系统理论是我国著名学者邓聚龙教授于1982 年提出的。灰色系统理论是一门涵盖灰色系统理论和灰色系统分析方法的完备的理论体系。其主要内容包括以灰色朦胧集为基础的理论体系，以灰色关联空间为依托的分析体系，以灰色序列生成为基础的方法体系，以灰色模型（Grey Model，GM）为核心的模型体系，以系统分析、聚类、评估、建模、预测、决策、控制、优化为主体的技术系统。

由于人们对评判对象的某些因素不完全了解，致使评判根据不足；或者由于事物不断发展变化，人们的认识落后于实际，使评判对象已经成为“过去”；或者由于人们受事物伪信息和反信息的干扰，导致判断发生偏差等。所有这些情况归结为一点，就是信息不完全，即“灰”。灰色系统理论是从信息的非完备性出发研究和处理复杂系统的理论，它不是从系统内部特殊的规律出发去讨论，而是通过对系统某一层次的观测资料加以数学处理，达到在更高层次上了解系统内部变化趋势、相互关系等机制。

5. 人工神经网络评价法

人工神经网络是指模拟人脑的神经网络工作原理，建立能够“学习”的模型，并能将经验性知识积累和充分利用，从而使求出的最佳解与实际值之间的误差最小化。通常把这种解决问题的方法称之为人工神经网络评价法。人工神经网络主要由大量与自然神经细胞类似的人工神经元互联而成的网络。神经网络的特点是神经网络将信息或知识分布储存在大量的神经元或整个系统中。它具有全息联想的特征，具有高速运算的能力，具有很强的适应能力，具有自学习、自组织的潜力。它能根据所提供的历史数据通过学习和训练找出输入和输出之间的内在联系，从而求得问题的解，而不是依据对问题的经验知识和规则，这决定了该方法具有自适应功能，对于弱化权重确定人为的因素是十分有益的。人工神经网络评价法能够处理那些有噪声或不完全的数据，具有泛化功能和很强的容错能力。由于实际综合评估往往是非常复杂的，各个因素之间互相影响，呈现出复杂的非线性关系。人工神经网络为处理这类非线性问题提供了强

有力的工具，因此，与其他综合评价方法相比，基于人工神经网络的综合评价方法已越来越显示出它的优越性。

鉴于人工神经网络具有上述特征，所以可建立基于人工神经网络的多指标综合评价方法。其解决有关方案评价方面问题的方式与层次分析和模糊理论分析法完全不同。它是模拟人脑的思维，把大量的神经元连成一个复杂的网络，利用已知样本对网络进行训练，即类似于人脑的学习，让网络存储变量间的非线性关系，即类似于人脑的记忆功能，然后利用存储的网络信息对未知样本进行评价，即类似于人脑的联想功能。

基于人工神经网络的多指标综合评价方法通过神经网络的自学习、自适应能力和强容错性，建立更加接近人类思维模式的定性和定量相结合的综合评价模型。训练好的神经网络把专家的评价思想以连接权的方式赋予网络上，这样该网络不仅可以模拟专家进行定量评价，而且避免了评价过程中的人为失误。因为模型的权值是通过实例学习得到的，这就避免了人为计取权重和相关系数的主观影响和不确定性。

6. 专家评价法

专家评价法是基于一组有关专家的知识、经验和主观判断能力，根据评价目的，按照规范化的程序和评价标准，对某一评价对象提取最一致的信息，并形成专家的群决策意见的方法。专家评价法主要包括专家咨询法（Delphi法）、规范评分法、加权平均法和调整表法等。由于这类方法简单、易于操作，又能有效地吸收专家的知识和经验，因此，被广泛地应用于科技评价方面，如在“863”项目，火炬计划项目，科技攻关项目的论证、项目鉴定和评奖中广泛地采用。但这类方法在使用中受专家知识、经验和主观见解影响较大。

上述六类评价理论方法都是近年来在评价理论及技术中研究和应用比较广，需要不断探索和完善的理论方法。

练习一：以地铁站口自行车存放方案为例练习635法的应用。

练习二：用KJ法练习归纳、总结问题的思路。

练习三：以创造一个新型交通工具为例练习形态分析法。

第5章

成功案例介绍

本章将应用消费类电子产品附加设计的方法，对深圳金鹏手机公司的锐博G208手机进行实际的全程设计，以论证研究的可行程度。

本章关键词：案例，手机

本章将应用消费类电子产品附加设计的方法，对深圳金鹏手机公司的锐博G208手机进行实际的全程设计，以论证研究的可行程度。

金鹏是深圳一家原从事国内外品牌手机在国内市场的生产、宣传和销售的手机方案公司，在制造领域积累了丰富的经验，现决定进军手机的整机领域，欲借助第一款手机的开发，在国内手机行业中取得更大的发展。基于此，深圳金鹏手机方案公司委托深圳市启世工业设计有限公司对其第一款手机作全面的企划和设计。在了解了市场供求现状和金鹏公司的自身特点以后，深圳市启世工业设计有限公司决定采用消费类电子产品附加设计的方法整体设计金鹏的第一款手机和金鹏公司的品牌形象。

5.1　手机设计现状和需求

2008年国内手机市场风起云涌，在经历了上半年的百家争鸣和下半年的经济危机之后，2009年的国内手机市场已经迈进一个同质而混乱的时代。

赛迪顾问发布最新分析报告预计，未来几年中国手机市场将进入新一轮快速增长期。截至2008年第三季度，中国手机的销售总额为1. 2亿部，而同期全国移动用户数为6. 3亿户，远远高于手机的销量。赛迪顾问认为，中国目前的郊县及农村市场手机普及率偏低，加之2009年3G运营在国内铺开和资费政策的调整，城市手机面临3G换代，庞大的累计用户与较低的普及率，使得手机新增消费还将保持快速增长，而这其中3G高端手机和超低端手机将是对市场份额影响至关重要的因素。同时，报告还显示，中国手机市场品牌竞争战略相持阶段已经到来，未来中国手机市场竞争必将升级，围绕市场份额争夺的竞争将更加多样化。

通过以上对国内手机市场现状的分析，设计团队发现高端手机和低端手机是现阶段市场尚未饱和的领域。作为金鹏入市的第一款手机，可以从这两类机型上进行设计的考虑。相对于高端手机的高昂成本和较为先进的制造技术而言，低端手机在控制成本的基础上反倒更加适合金鹏作为一个国内整机制造行业新兴力量的初期产品定位，以实现小投资大回报。而考虑到现今手机行业众多品牌所带来的激烈竞争，要想谋得发展，就需要使得自己的产品具备比竞争对手更大的附加值。除了产品具备特色以外，品牌塑造将成为今后发展的趋势，拥有品牌力量的企业将在与同行的竞争中取得较大的优势，因此从第一款手机开始，金鹏就应该逐步地树立拥有自己特色的品牌形象。综上所述，金鹏的这款手机通过比对现有市场上手机的种类和特点，在考虑提升附加值的主旨下，设计团队决定以低端市场稳妥的进入方式，通过前期的低投资试探市场行情，为今后的发展积累经验（图5-1）。

图 5-1

5.2 J1战略性目标、生命周期调研和价值分析

从第一款手机开始，设计团队便为金鹏提出了构筑品牌战略的长远目标。在目标指导下，规定了手机开发代号为J1（金鹏1号）。J1作为第一款手机的任务定位为将产品引入市场，积累资本和经验。作为前期产品，J1可以在一定区域内进行试销售，以此来检测产品的市场适应度。而要快速打入市场，相对于市场五花八门的手机而言，J1就必须要有自己附加值最大化的特色，或者突出某种功能，或者突出新颖的造型，或者选用全新的材料……新功能的开发以及新材料的应用需要不断地试验，而新造型则牵涉到材料等的比配问题，这些都会导致J1开发周期的延长。近几年，随着终端用户消费取向的转变，时尚元素正在以一种飞快的速度充斥在我们身边，通过对时尚元素的参考和借鉴，可以既满足消费转型的需求，又极大地缩短J1的开发周期，从而节约成本，提高J1的附加值。因此，设计团队最后从附加设计提升J1附加值切实情况的角度衡量，最终决定选择时尚元素作为J1开发过程中的重要参考。

从战略性目标出发，针对低端消费市场，J1应该缩短生命周期，为后续产品的开发提供充足的市场空间。依据课题研究的附加设计方法，为缩短生命周期，设计团队决定在设计过程中通过简洁的造型、合理的选材、对工艺创造性的利用、对时尚消费文化的把握和快速成型技术等实现J1完善设计的目的性开发。

从价值分析入手，结合2009年国内手机市场流行趋势，设计团队明确了J1低端直板、小区域高市场的手机定位态势，估算了J1可以采用的部件范围等（图5-2）。

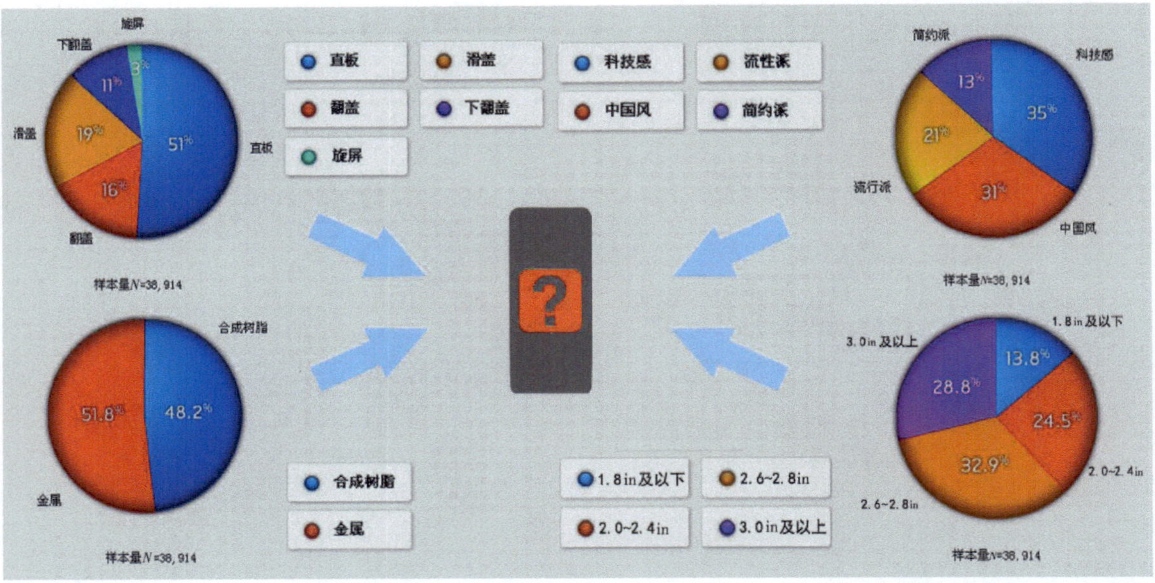

图 5-2

5.3 J1在市场需求下附加值最大化命题提出

在准确而快速地完成前期定位之后，在设计开发操作之前，设计团队对J1提出其市场需求下附加值最大化的设计命题，以便为接下来的工作提供正确、有效的指导。

命题：金鹏J1低端机在基本功能完善的基础上，应具备某一特色，造型紧跟时尚品牌，但价格低廉，在附加值最大化的目标下使J1较同类产品具有更强的市场竞争力，最终实现金鹏成功入驻本土手机市场的目的。产品在开发的同时也应为后续机型的发展预留空间。

5.4 J1设计创新和设计开发

命题是一个总的概况，具体实践的过程则要求进行多维思考，所以，在设计创新和开发阶段，设计团队从附加设计原则考虑出发，在避免重复传统的无序思维发散的基础上，为了J1在设计开发之后能准确地与市场消费需求相吻合，充分地实现附加值的最大化，定位了情感消费与J1开发的结合，并提出了一些基于命题和市场的概念描述：

（1）手机和宠物　现阶段对手机的需求注重的是情感上的共鸣，手机是一个玩具，一个玩伴，甚至是一位朋友。

（2）年轻的族群　有想法，充满了想象力，勇于尝试和创新，对流行文化耳濡目染，关心自己，重视休闲生活，有物质和精神的双重需求。

（3）关注装饰　包括衣裤、鞋、房、车，当然还有手机，这些象征着品位和地位。

（4）玩乐派时代　打电话是必需的。能拍照，听音乐，有WIFI、游戏。多了太杂，少了不行。

（5）独特的感觉　也许是某个按键、表面、质感或颜色，让人情不自禁地想马上拥有。

有了这样的概念性描述之后，基本上明确了J1的附加设计导向，也就为下一步工作作好了充分的准备。

5.5　J1草图

概念形成之后开始草图创意（图5-3）。依照附加设计原则，草图阶段不是为了生成具体的形状。因为手绘的过程毕竟无法做到十分准确，所以，如果过分追求将J1各个部件的问题都考虑详细，就会极大地降低工作效率，从而延长设计开发周期，而不利于J1附加值的提高。草图的作用应该是将市场信息、消费感觉、艺术塑造、设计目标和命题表达出来，而这一过程对J1价值的实现和金鹏品牌的塑造至关重要。

图　5-3

从战略目标出发，设计团队最终选择通过分析成功品牌来构建J1的造型特征。这样的目的不仅在于借鉴已有的成功案例较快地构筑金鹏的品牌形象，更为重要的是通过与成功品牌的比对，可以发现一些新的可能被忽视的设计点，从而为J1附加值的提升提供切实的设计出发点。

通过对2009年手机流行趋势的解读和不同地域色彩的调查（图5-4），遵循最大限度提升J1手机附加值的最终目的，设计团队最终确定了J1的色彩方案：以银色为主，黑色为辅，反映出时下金属材料质感在手机上的广泛应用，以迎合消费时代终端用户的感官取向。借助银色所传达出来的高档品位和黑色在色彩知觉中的稳重气息，表达J1华美时尚的高档品质。相比同时期上市的其他国产手机而言，在色彩上的考究可以达到突出J1手机情感消费的高品质要求，最终实现提升J1附加值的作用。

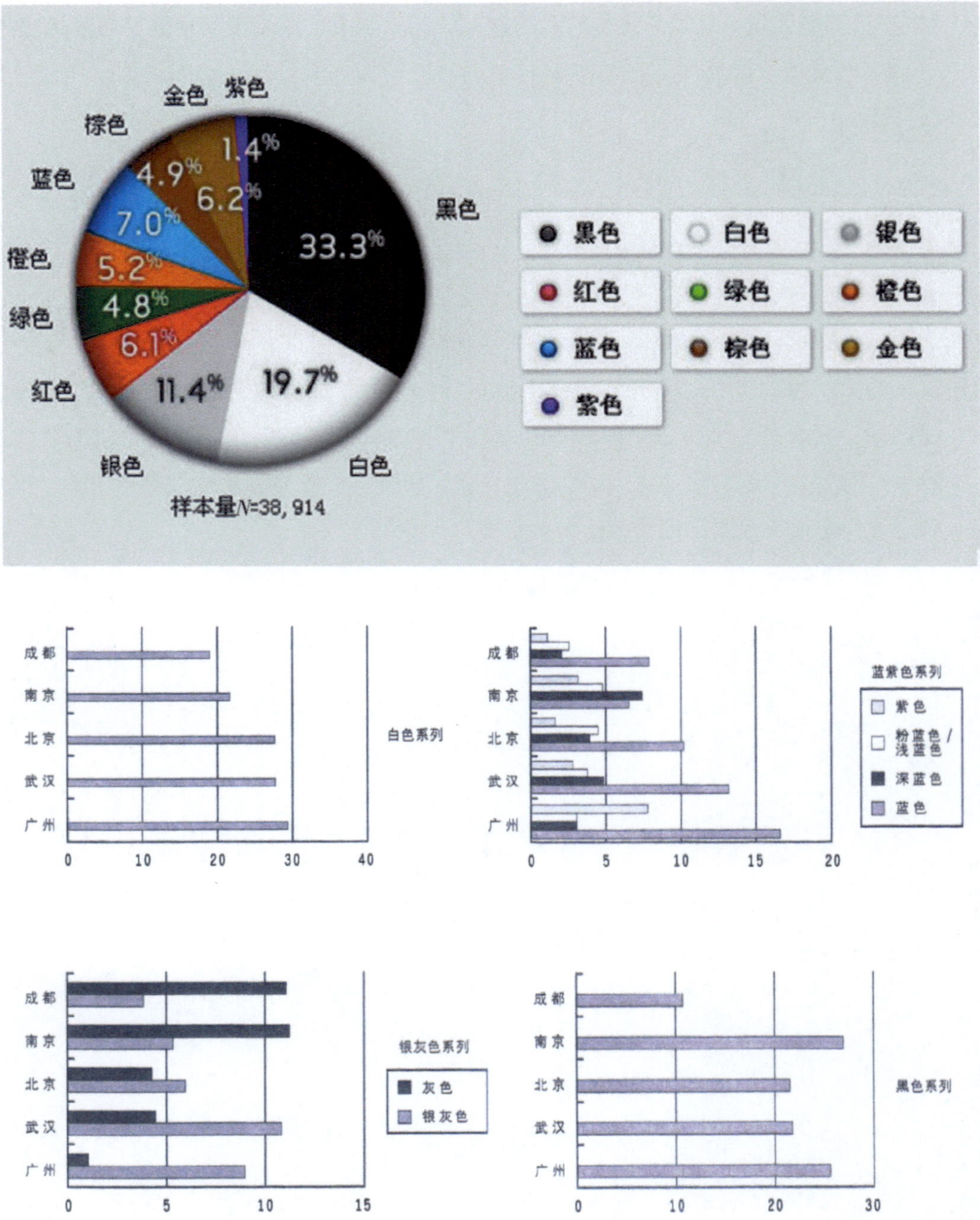

图　5-4

在色彩定位和草图创意的综合下，借助CorelDRAW软件进行了多轮方案细化效果图的绘制。在细化的过程中，设计团队也保持与公司结构部门的不断交流和沟通，时刻衡量J1在设计阶段的造型、材料、工艺与最终实际生产阶段之间的矛盾，尽可能地在制作产品模型之前解决可能出现的问题，以减少高昂的费用损失，降低J1开发的成本。在结构部门的协助下，设计团队经过三轮方案的不断筛选，最终选定了图5-5所示的绘制方案。

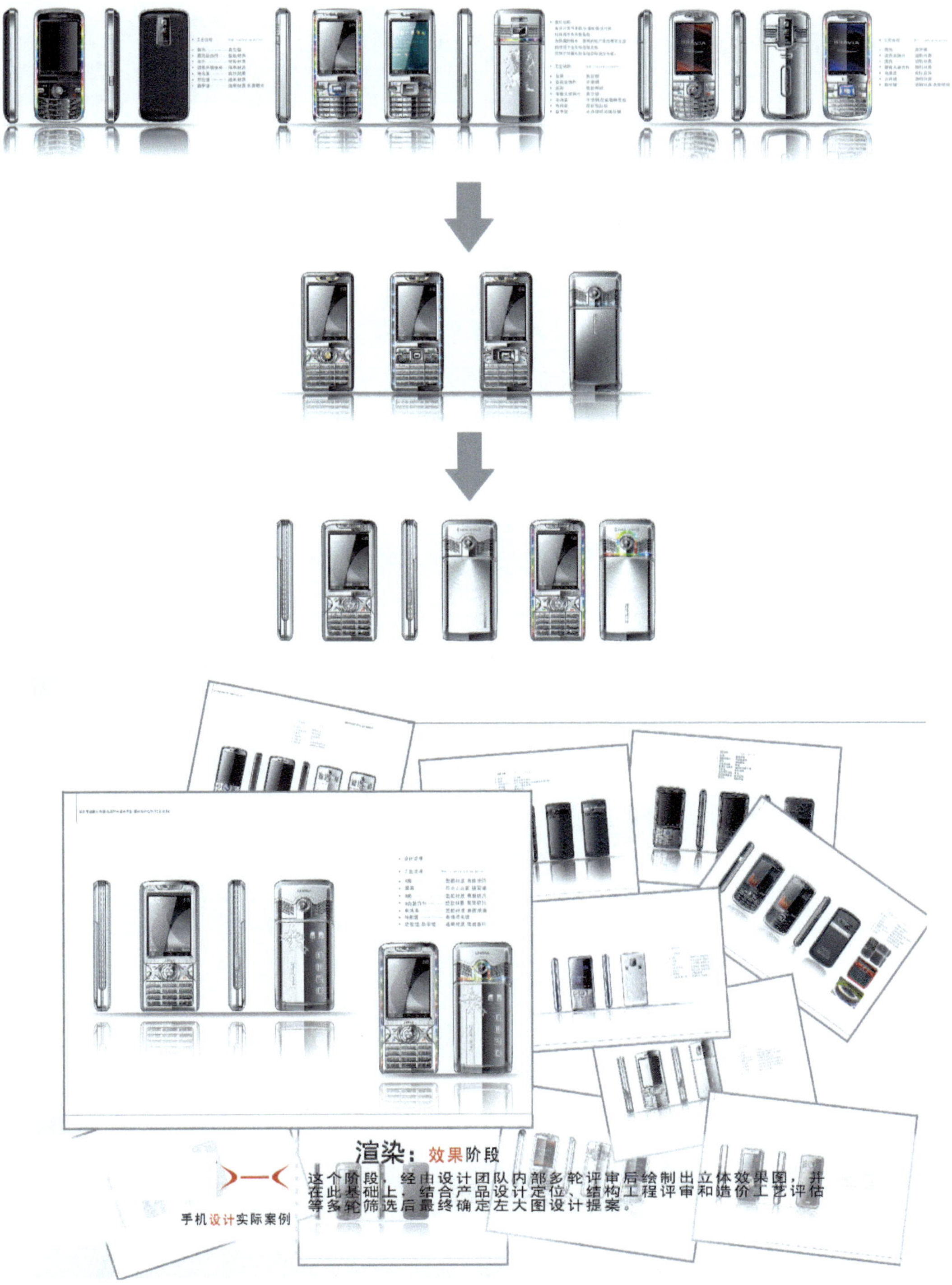

图　5-5

方案确定之后，各项尺寸数据报由结构部门建模（图5-6）。之后交付手板厂，利用快速成型机制作样品手板。

图 5-6

5.6 J1样品和交流

通过手板样品的制作，可以直观地判断J1局部与整体的实际比例是否协调，以保证J1在设计过程中恰到好处地将所提取的汽车造型时尚元素应用得当。同时借由塑胶材料通过电镀喷涂实现的模拟金属效果，也可以通过手板模型来验证其触觉是否符合定位，材料和工艺造就的肌理是否准确（图5-7）。在这一阶段，设计团队充分借助制作的手板模型提出必要的调整和改进意见，避免因为忽略对样品的把握而造成投产后J1出现“貌合神离”的情况。这其实在一定程度上降低了J1的开发成本，间接实现了J1附加值的最大化。

图 5-7

在多次修改并完成最终样品之后，依据附加设计的原则，设计团队决定在向客户提案时，改变传统向客户提供多个备选方案的方法，而是呈现一个最具价值的提案，由客户引导设计变为设计引导客户。为了保证提案的说服力，设计团队对J1准备了详细附加值提升可行性的评估材料，确保在各个环节上都能够从客户的利益出发，将J1的产品附加值提升到最大化。这些材料不仅包括了传统的市场分析和元素创意报告（图5-8）等，还包括了J1的工艺造价估算（图5-9），从而在实际效果、品位档次和成本预算等众多方面向客户提供极具说服力的材料和报告。

图　5-8

图　5-9

5.7　J1后期完善

设计的任务在于平衡客户意愿和产品需求之间的矛盾，后期完善的目的就是解决交流时出现的问题，同时也为J1投模生产准备前期的工作。

在交流时客户提出了整机重量太轻、手感不足和电池盖档次不够的问题。针对这个情况，设计团队与工艺厂商沟通，在其提供的多套方案中最终选定采用塑胶为机壳、外裹铝合金的方法，从而既增加了J1的重量，以真实金属的质感解决了电池盖的品质问题，又控制了造价，变相地实现了附加值的最大化（图5-10）。

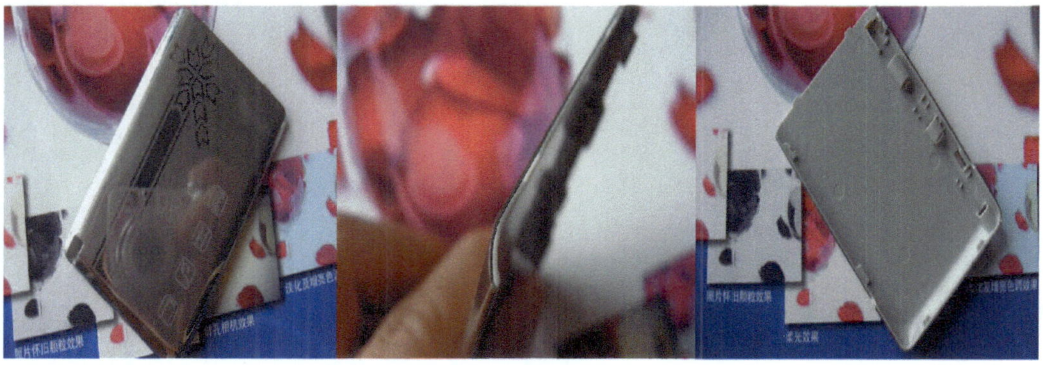

图　5-10

与此同时，设计团队开始为J1制作开模生产时所需的丝印文件和产品最终工艺图（图5-11）。结构部门也将最终的设计方案导入结构手板设计阶段（图5-12）。部门之间的分工协作，极大地缩短了设计周期。

深圳市启世工业产品设计有限公司 | SHENZHEN KEYS INDUSTRIAL DESIGN CO.,LTD　　详 细 工 艺 说 明 图 表

序号	名称	材料	表面效果	工艺	颜色	备注
01	听筒装饰件	塑胶电镀	光面	凹面CD纹 平面斜边光亮	亮银	
02	听筒网	镍片网	光面	镍片	亮银	
03	方向键装饰件	透明PC	光亮	底面丝印镜面银	亮银	详见丝印
04	功能键	塑胶电镀		凹面雾面 平面斜边光亮 镭雕字符	亮银	详见丝印
05	数字键	透明PC（水晶键）	光亮	底面丝印镜面亮银 丝印字符	亮银	详见丝印
06	数字装饰件	塑胶电镀	光面	电镀	亮银	
07	A壳装饰件	不锈钢	光亮	镭雕拉丝纹	亮银	详见丝印
08	A壳	塑胶PC料	光面	真空镀	亮银	
09	方向键	塑胶电镀	光面	外圈CD纹 内圈光面 符号镭雕透光	亮银	详见丝印
10	OK键	塑胶电铸模	光亮	平面CD纹 削斜边	亮银	
11	B壳	塑胶材质	光面	表面喷高光亮银 字符丝印	亮银	详见丝印
12	USB口	TPU	光面	字符凹刻	亮银	
13	笔	POM			亮银	
14	摄像头镜片	玻璃	光亮	符号丝印	黑色	详见丝印
15	摄像头装饰件	塑胶PC料	光面	真空镀	亮银	
16	电池盖	铝片	光面	平面CD纹 镭雕字符	亮银	详见丝印

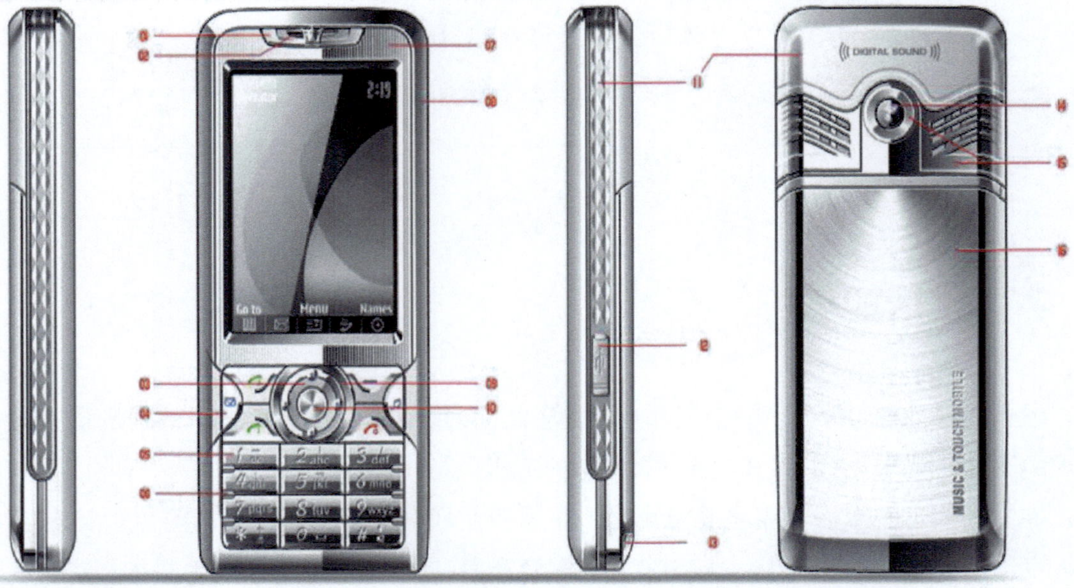

图 5-11

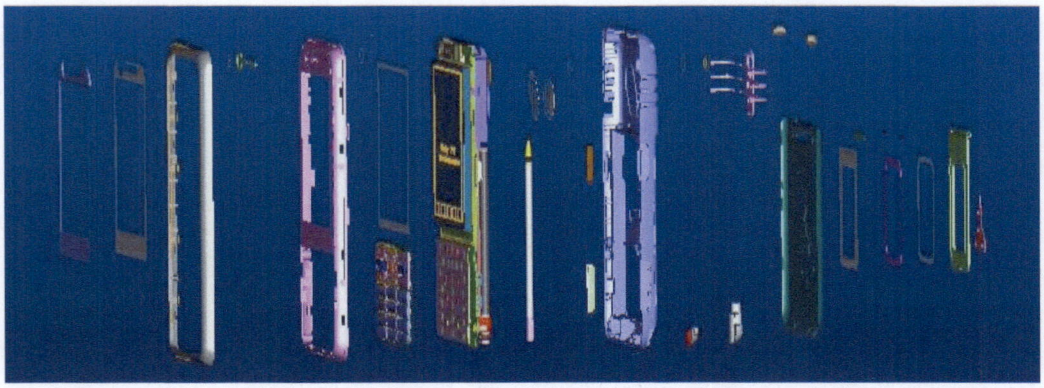

图 5-12

5.8　J1命名、知识产权和促销

在上述工作进行的同时，依据附加设计的方法，设计团队利用命名、保护产权、构建合理的促销方式来最大限度地提升J1的附加值。

命名要体现产品特色，使消费者能够感受到产品的创意和价值。对此，设计团队回归到产品最初的定位上来寻找符合J1的独特之处，以此来构筑J1的名称。从众多的前期定位中，设计团队发现这款J1低端机的主要卖点在于其性价比高、造型品牌感强、机身轻薄、彰显品位。所以，通过再三的斟酌，设计团队最后借“产品锐利质感，品牌搏击发展”之意为J1命名为“锐博”。考虑到后续产品的研发和金鹏品牌的长期发展规划，设计团队选用英文“general”（意为大众的）的第一个大写字母“G”为J1名称的英文代号，同时也为金鹏手机的系列化打好基础。而208是客户提供的内部研发号保留下来。最终，金鹏的这款低端机的名字为“锐博G208”。金鹏J1以言简意赅的名字彰显出自己的特色，从而在时下众多手机中以自己独特的称谓脱颖而出，给终端用户以明确的产品特点定位，诱使终端客户的购买欲望，从而间接地提升了“锐博G208”的附加值。

在这些策略下，对于锐博G208规划实施局部地域的销售。为此，设计团队为其设计出一系列的广告，强调G208的针对市场和特点，并通过展销、电视等方式进行适度宣传（图5-13）。同时，利用金鹏原有的销售链，拓宽销售渠道，力求以最便捷的方式进行促销。

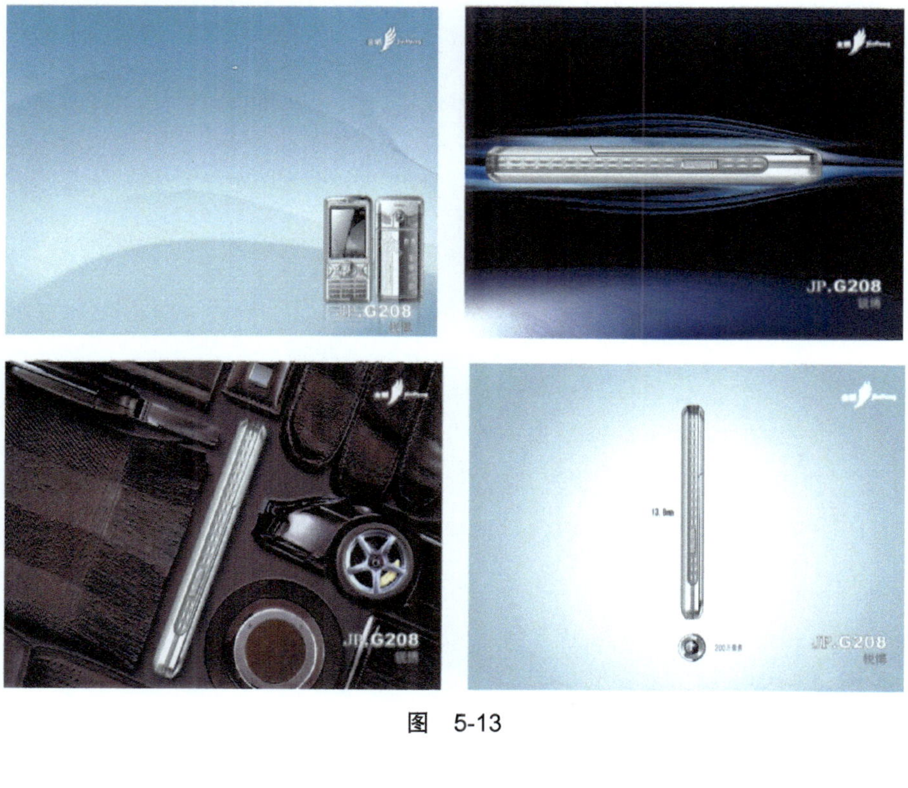

图　5-13

作为一款试探性产品，设计团队向金鹏公司建议为锐博G208申请知识产权保护。其主要目的并不全是维护产品价值，而是通过保护的举措扩大金鹏公司在市场上的影响力，从而为企业后续产品的开发和抢占市场铺设前提，最终为金鹏的品牌提供一个附加值提升的空间。

5.9 G208信息反馈和新设计的开始

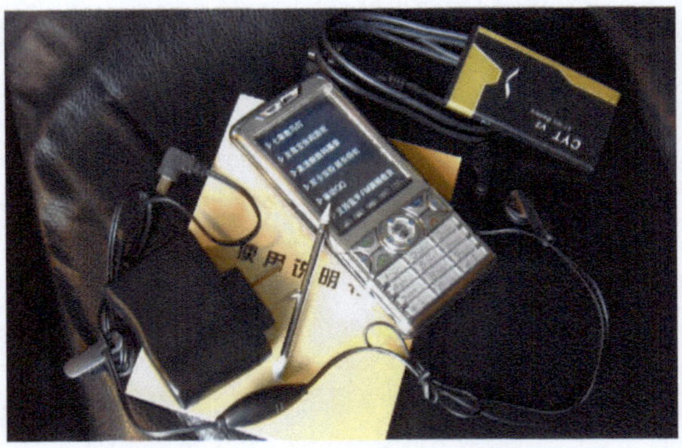

图 5-14

据金鹏公司市场部反馈，锐博G208（图5-14）自2009年5月投放市场以来，在短短的三个月内，实现了广东地区销量突破10万台的佳绩，为金鹏赢得了良好的市场知名度。依照原定的生命周期规划，金鹏公司于2009年8月将锐博G208策略性停产，并于2009年7月委托深圳市启世工业设计有限公司设计其换代产品。而根据附加设计的研究，设计团队提出了在新产品面世前，通过局部修改向市场投放锐博G208限量版的规划，以制造夸张的宣传，为换代产品进入市场积累期望值。锐博G208限量版主要遵循装饰的原则，加入皮革和A、B壳压铸模的制造方式，辅以尊贵的深棕色，打造奢华的质感，从而获得整机在情感价值上的大幅提升（图5-15）。

图 5-15

金鹏锐博G208手机的设计过程充分应用了本课题研究的消费类电子产品附加设计的方法，最大限度地提高了产品的附加值，为金鹏公司树立了良好的初期品牌形象。

在设计的过程中，发现各个附加设计的方法并不是独立作用于产品的。它们充分依赖设计师对市场的分析和对产品价值提升空间的把握，具有极大的灵活度。通过这些方法相互之间的渗透，相辅相成，每个方法都可能是为下一个方法作准备。在有效地缩短了产品开发周期的同时，也开始为产品的更新换代进行预设计。如此反复，保证了产品和品牌的可持续发展，实现了产品和品牌附加价值的不断提升。

参考文献

[1] 李乐山. 工业设计思想基础［M］. 北京：中国建筑工业出版社，2001.

[2] 唐林涛. 工业设计方法［M］. 北京：中国建筑工业出版社，2006.

[3] 曹耀明. 设计美学概论［M］. 杭州：浙江大学出版社，2004.

[4] 于帆，陈嬿. 仿生造型设计［M］. 武汉：华中科技大学出版社，2005.

[5] 黄毓瑜. 现代工业设计概论［M］. 北京：化学工业出版社，2004.

[6] 鲁晓波. 工业设计程序与方法［M］. 北京：清华大学出版社，2005.

[7] 张锡. 设计材料与加工工艺［M］. 北京：化学工业出版社，2004.

[8] 阿恩海姆，霍兰，蔡而德，等. 艺术的心理世界［M］. 周宪，译. 北京：中国人民大学出版社，2003.

[9] 唐纳德　A　诺曼. 设计心理学［M］. 梅琼，译. 北京：中信出版社，2010.

[10] 弗兰克・惠特福德. 包豪斯［M］. 林鹤，译. 上海：生活・读书・新知三联书店，2001.

[11] 约翰・伊顿. 造型与形式构成：包豪斯的基础课程及其发展［M］. 曾雪梅，周至禹，译. 天津：天津人民美术出版社，1990.

[12] 马赫. 感觉的分析［M］. 洪谦，唐钺，梁志学，译. 上海：商务印书馆，1986.

[13] 罗宾・乔治・科林伍德. 艺术原理［M］. 王至元，陈华中，译. 北京：中国社会科学出版社，1985.

[14] 苏珊・朗格. 情感与形式［M］. 刘大基，傅志强，周发祥，译. 北京：中国社会科学出版社，1987.

[15] 苏珊・朗格. 艺术与视知觉［M］. 滕守尧，朱疆源，译. 北京：中国社会科学出版社，1983.

[16] 周至禹. 设计色彩［M］. 北京：高等教育出版社，2007.

[17] 李亦文. 产品设计原理［M］. 北京：化学工业出版社，2003.

[18] 王受之. 世界现代设计史［M］. 深圳：新世纪出版社，1995.

[19] 张非. 产品创意设计与思维［M］. 北京：中国建筑工业出版社，2005.

[20] 张帆. 产品设计开发程序与方法［M］. 北京：北京理工大学出版社，2008.

[21] 杨向东. 工业设计程序与方法［M］. 北京：高等教育出版社，2008.

[22] 杨向东. 产品系统设计［M］. 北京：高等教育出版社，2008.

[23] 胡琳. 工业产品设计概论［M］. 北京：高等教育出版社，2006.

[24] 丁玉兰. 人机工程学 [M]. 北京：北京理工大学出版社，2005.
[25] 简召全. 工业设计方法学 [M]. 北京：北京理工大学出版社，2000.
[26] 程能林. 工业设计概论 [M]. 2版. 北京：机械工业出版社，2006.
[27] 赵红，李静. 工业设计的思维与产品设计实践 [M]. 北京：清华大学出版社，2010.
[28] 金涛，等. 产品设计开发 [M]. 北京：海洋出版社，2010.
[29] 袁清河. 现代设计方法与产品开发 [M]. 北京：电子工业出版社，2010.
[30] 陈剑荣. 产品改良性设计 [M]. 北京：高等教育出版社，2009.
[31] 何人可. 工业设计史 [M]. 北京：高等教育出版社，2009.
[32] 李世国. 体验与挑战　产品交互设计 [M]. 南京：江苏美术出版社，2008.
[33] 阮宝湘，邵祥华. 工业设计人机工程 [M]. 北京：机械工业出版社，2005.
[34] 王继成. 产品设计中的人机工程学 [M]. 北京：化学工业出版社，2004.
[35] 江杉. 产品设计程序与方法 [M]. 北京：北京理工大学出版社，2009.
[36] 李通. 设计程序　工业设计流程与方法 [M]. 天津：天津大学出版社，2007.
[37] 张展，王虹. 产品改良设计 [M]. 上海：上海画报出版社，2006.